A grande imagem do universo

A astronomia como guia da nossa viagem pelo cosmos

©Stanislas Ménétries, 2023

Conteúdo

Introdução à astronomia

Definição de astronomia

A astronomia é a ciência que estuda os objetos celestes, como estrelas, planetas, galáxias, aglomerados estelares, nebulosas e buracos negros, bem como os fenômenos físicos que os regem. Ela se baseia em observações realizadas a partir da Terra ou do espaço, e em modelos teóricos que tentam explicar essas observações.

A astronomia é uma disciplina antiga, remontando à Antiguidade. Os primeiros astrônomos observaram o movimento dos astros no céu e tentaram explicá-los. Ao longo dos séculos, a astronomia passou por muitos avanços, especialmente graças à invenção do telescópio e à teoria da gravitação universal de Isaac Newton. Hoje, a astronomia é uma ciência em constante evolução, que continua a trazer novas descobertas e perspectivas para o Universo.

A astronomia é dividida em várias áreas que estudam diferentes aspectos do Universo. A astrofísica, por exemplo, estuda as propriedades físicas dos objetos celestes, como massa, temperatura e composição química. A astroquímica estuda a química dos objetos celestes, enquanto a astrobiologia se interessa pela possibilidade de vida no Universo.

A astronomia também é uma ciência interdisciplinar, que envolve conhecimentos em física, química, matemática e informática. Os astrônomos utilizam instrumentos de observação sofisticados, como telescópios, espectrografos e detectores de radiação, para coletar dados sobre os objetos celestes. Eles também utilizam modelos teóricos para explicar esses dados e formular novas hipóteses.

Em resumo, a astronomia é uma ciência fascinante e em constante evolução, que nos permite entender melhor o Universo ao nosso redor. Ela nos ajuda a responder a perguntas fundamentais sobre a origem e evolução do Universo, abrindo caminho para novas descobertas e avanços tecnológicos.

História da astronomia

A história da astronomia remonta a milhares de anos, desde os primeiros seres humanos que olharam para o céu noturno e começaram a observar as estrelas. As observações dos movimentos aparentes dos corpos celestes levaram à criação de calendários para acompanhar as estações e planejar atividades agrícolas.

No entanto, foi apenas a partir da Antiguidade que a astronomia começou a se desenvolver como disciplina científica. Astrônomos gregos começaram a estabelecer modelos geocêntricos do Universo, com a Terra no centro e as estrelas, planetas e outros corpos celestes orbitando ao seu redor. O trabalho de Ptolomeu, especialmente o «Almagesto», forneceu uma base sólida para a astronomia por séculos.

Na Idade Média, os astrônomos árabes continuaram

a desenvolver a astronomia e fizeram contribuições importantes nos campos da observação e instrumentação. Seus trabalhos também influenciaram a Europa medieval, onde a astronomia estava intimamente ligada à religião e à astrologia.

Durante o Renascimento, a revolução copernicana mudou a forma como os astrônomos percebiam o Universo. Nicolau Copérnico propôs um modelo heliocêntrico do Universo, com o Sol no centro e os planetas orbitando ao seu redor. Isso foi seguido pelos trabalhos de Johannes Kepler e Galileu, que ajudaram a estabelecer as leis da mecânica celeste e forneceram evidências observacionais a favor do modelo heliocêntrico.

No século XVIII, a astronomia expandiu-se para incluir o estudo de cometas, estrelas e galáxias. O trabalho de William Herschel levou à descoberta da existência de muitas galáxias além da Via Láctea.

No século XIX, os astrônomos começaram a usar a espectroscopia para estudar a composição de estrelas e galáxias. O trabalho de Joseph Fraunhofer levou à descoberta das linhas de absorção no espectro solar, que foram usadas para identificar elementos químicos em estrelas.

No século XX, a astronomia teve uma explosão de descobertas com o uso de telescópios cada vez maiores e satélites espaciais. O trabalho de Edwin Hubble levou à descoberta da expansão do Universo e à teoria do Big Bang.

Hoje, a astronomia é uma disciplina com avanços significativos na compreensão da formação e evolução de galáxias, estrelas e planetas. A observação de exoplanetas abriu novas perspectivas para a busca por vida no Universo, enquanto as ondas gravitacionais forneceram uma nova maneira de estudar os objetos mais massivos do Universo.

Grandes astrônomos e suas descobertas

Nicolau Copérnico é frequentemente considerado o pai da astronomia moderna. Ele propôs a teoria heliocêntrica, afirmando que o Sol estava no centro do sistema solar e os planetas orbitavam ao seu redor. Essa ideia foi revolucionária na época, pois contradizia a crença amplamente difundida de que a Terra era o centro do Universo. Copérnico também introduziu o conceito de paralaxe, que permitiu medir as distâncias relativas entre as estrelas.

Galileu Galilei é outro astrônomo importante que revolucionou nossa compreensão do Universo. Ele foi o primeiro a usar o telescópio astronômico para observar objetos celestes. Ao usar esse instrumento, ele descobriu as luas de Júpiter, que confirmaram a teoria heliocêntrica de Copérnico. Ele também observou as fases de Vênus, que também apoiaram essa teoria. Galileu também estudou os movimentos dos corpos em queda livre, o que levou à formulação da lei da queda dos corpos.

Isaac Newton é considerado um dos maiores cientistas de todos os tempos. Sua lei da gravitação universal explica como a gravidade mantém os planetas em órbita ao redor do Sol.

Newton também desenvolveu o cálculo diferencial e integral, que permitiu resolver problemas matemáticos complexos relacionados à astronomia. Graças ao seu trabalho, os astrônomos puderam calcular com precisão as órbitas dos planetas e cometas.

Charles Messier era um astrônomo francês que compilou uma lista de mais de 100 objetos celestes, conhecida como o catálogo de Messier. Essa lista inclui nebulosas, aglomerados estelares e outros objetos. Messier criou essa lista para ajudar os astrônomos a distinguir os objetos celestes dos cometas, que às vezes podem ser confundidos com objetos permanentes no céu. O catálogo de Messier ainda é usado hoje por astrônomos amadores para localizar objetos interessantes no céu noturno.

Edwin Hubble foi um astrônomo americano que fez importantes descobertas sobre a estrutura do Universo. Usando o telescópio do Observatório Monte Wilson, na Califórnia, Hubble descobriu que as galáxias estavam se afastando de nós e umas das outras, levando à teoria da expansão do Universo. Ele também descobriu que a luz de algumas galáxias sofria um desvio para o vermelho, indicando que essas galáxias estavam se afastando de nós com uma velocidade crescente. Essas descobertas foram cruciais para entender a história do Universo e sua estrutura em grande escala.

Nos anos 1960, Jocelyn Bell Burnell descobriu os pulsares, estrelas de nêutrons que emitem sinais periódicos. Essa descoberta foi uma grande surpresa para os astrônomos da época e levou a uma melhor compreensão da estrutura das estrelas de nêutrons e seu papel no Universo. Os pulsares também são usados como relógios cósmicos para medir distâncias no Universo.

A missão Kepler da NASA também trouxe descobertas importantes. Lançada em 2009, essa missão descobriu milhares de exoplanetas, ou seja, planetas orbitando estrelas diferentes do Sol. Essa descoberta abriu caminho para a busca por vida extraterrestre e também ajudou os astrônomos a entender melhor a formação e evolução de sistemas planetários. A missão Kepler também permitiu a descoberta de planetas do tamanho da Terra, que podem ter condições semelhantes às do nosso planeta.

Além desses grandes nomes da história da astronomia, muitos outros astrônomos também fizeram contribuições importantes. Johannes Kepler descobriu que os planetas se movem em órbitas elípticas ao redor do Sol. William Herschel descobriu Urano e também estabeleceu que a Via Láctea era uma galáxia em formato de disco. Caroline Herschel, irmã de William Herschel, também foi uma importante astrônoma que descobriu vários cometas.

As principais áreas da astronomia

A astronomia é uma ciência complexa e ampla, que pode ser dividida em várias áreas. Cada uma dessas áreas se concentra em diferentes aspectos do estudo do Universo. As principais áreas da astronomia incluem astrofísica, cosmologia, astronomia estelar, astronomia galáctica, astronomia extragaláctica e astronomia de alta energia.

A astrofísica é o estudo da física dos objetos celestes. Ela se concentra em entender a estrutura e o comportamento de estrelas, galáxias e objetos cósmicos, como buracos negros e estrelas de nêutrons. A astrofísica utiliza ferramentas da física para entender a formação e evolução desses objetos celestes.

A cosmologia é o estudo do Universo como um todo. Ela se concentra na origem, evolução e estrutura global do Universo. A cosmologia utiliza observações e modelos para entender as leis fundamentais que regem o Universo. Ela também se interessa por conceitos como inflação, matéria e energia escuras, formação de estrutura em larga escala e a expansão do Universo.

A astronomia estelar é o estudo das estrelas. Ela se concentra na classificação e propriedades das estrelas, bem como em sua formação e evolução. A astronomia estelar também inclui o estudo de supernovas e estrelas de nêutrons.

A astronomia galáctica é o estudo da estrutura e dinâmica da Via Láctea e de outras galáxias. Ela se concentra em estrelas, gases e poeira que compõem as galáxias. A astronomia galáctica também se interessa pelos movimentos e interações das galáxias, bem como pela formação e evolução das galáxias.

A astronomia extragaláctica é o estudo de objetos celestes fora de nossa própria galáxia. Ela se concentra em galáxias, aglomerados de galáxias, quasares e outros objetos que existem além da Via Láctea. A astronomia extragaláctica utiliza observações para entender a estrutura e evolução desses objetos celestes.

A astronomia de alta energia é o estudo de objetos celestes que emitem radiações eletromagnéticas de alta energia, como raios-X e raios gama. Essa área da astronomia se concentra em fenômenos como buracos negros, pulsares e supernovas.

Em resumo, a astronomia é uma ciência que pode ser dividida em várias áreas, cada uma focando em diferentes aspectos do estudo do Universo. Astrofísica, cosmologia, astronomia estelar, astronomia galáctica, astronomia extragaláctica e astronomia de alta energia são as principais áreas da astronomia. Cada uma dessas áreas utiliza métodos de observação e ferramentas diferentes para entender o Universo, mas todas estão relacionadas e se complementam. Por exemplo, a astronomia estelar e a astronomia galáctica estão intimamente ligadas, pois as estrelas desempenham um papel fundamental na formação e evolução das galáxias. Da mesma forma, a astronomia extragaláctica está intimamente ligada à cosmologia, pois o estudo de galáxias distantes pode fornecer informações sobre a expansão do Universo.

É importante destacar que essas áreas da astronomia não são estáticas, mas sim dinâmicas. Descobertas recentes podem levar ao surgimento de novas áreas ou à fusão de áreas existentes. Por exemplo, o estudo de exoplanetas é um campo em constante evolução que tem crescido rapidamente nas últimas décadas. Da mesma forma, a astronomia de ondas gravitacionais é uma área relativamente nova da astronomia que foi possibilitada pelos avanços tecnológicos recentes na detecção de ondas gravitacionais.

O Sistema Solar

O Sol

O Sol é uma estrela de tamanho médio localizada no centro do nosso sistema solar. Ele representa cerca de 99,86% da massa total do nosso sistema solar e possui uma temperatura superficial de aproximadamente 5.500 graus Celsius.

O Sol é uma bola de gás em constante combustão, produzindo luz e calor essenciais para a vida na Terra. Essa produção de energia ocorre através de uma reação de fusão nuclear, onde o hidrogênio é convertido em hélio no núcleo solar.

O Sol possui uma estrutura em camadas, com uma região central onde a temperatura e a pressão são altas o suficiente para permitir a fusão nuclear. Essa região é rodeada por uma zona de convecção, onde o material aquecido no núcleo se move em direção à superfície em ebulição. A superfície visível do Sol é chamada de fotosfera, onde a temperatura é de aproximadamente 5.500 graus Celsius.

O Sol também é responsável por fenômenos eruptivos, como manchas solares, ejeções de massa coronal e erupções solares. As manchas solares são áreas escuras na superfície do Sol causadas por intensos campos magnéticos. Ejeções de massa coronal são eventos em que partículas carregadas são ejetadas para o espaço a partir da coroa solar. Erupções solares são explosões repentinas de luz e matéria que podem ter consequências na Terra, como as auroras boreais.

O Sol também é estudado por sua influência no clima terrestre e nos sistemas de comunicação. Mudanças na atividade solar podem influenciar o clima terrestre ao modificar a quantidade de radiação solar que atinge a Terra. Erupções solares também podem causar distúrbios em sistemas de comunicação e navegação baseados em sinais de satélites.

Por fim, o estudo do Sol é essencial para entender as estrelas em geral. Muitas propriedades das estrelas são baseadas em observações do Sol, como classificação estelar e a relação entre massa e luminosidade.

Os planetas terrestres e suas luas

Os planetas terrestres são os planetas do sistema solar que possuem uma superfície sólida e rochosa, como a Terra. São eles: Mercúrio, Vênus, Terra e Marte. Cada um deles possui suas próprias características e particularidades.

Mercúrio é o planeta mais próximo do Sol e é muito pequeno. Sua superfície é marcada por crateras e falésias íngremes, devido à sua falta de atmosfera para proteger a superfície de impactos de meteoros e erupções solares. Mercúrio gira muito lentamente em torno de si mesmo, de modo que um dia em Mercúrio é mais longo do que um ano terrestre. Na verdade, Mercúrio leva cerca de 88 dias terrestres para completar uma órbita em torno do Sol, mas cerca de 176 dias terrestres para uma rotação completa.

Vênus é o planeta mais próximo da Terra e é frequentemente chamado de «irmã gêmea» da Terra devido ao seu tamanho e composição semelhantes. No entanto, Vênus também é um planeta muito diferente da Terra devido à sua atmosfera densa e quente, composta principalmente de dióxido de carbono, o que causa um intenso efeito estufa. A temperatura da superfície de Vênus chega a quase 500 graus Celsius, mais quente do que a superfície de Mercúrio, apesar de estar mais distante do Sol. Vênus também é um planeta que gira muito lentamente em torno de si mesmo, como Mercúrio, o que significa que seus dias são mais longos do que seus anos.

A Terra é o nosso planeta, é claro, e é única no sistema solar devido à sua capacidade de abrigar a vida como a conhecemos. Sua composição rochosa, atmosfera protetora e campo magnético nos protegem da radiação solar prejudicial e das erupções solares. A Terra também é o único planeta do sistema solar com grandes extensões de água líquida em sua superfície, o que é um fator importante para o desenvolvimento da vida. A Terra tem um dia de 24 horas e um ano de 365,25 dias, que é o tempo necessário para completar uma órbita em torno do Sol.

Marte é o quarto planeta do sistema solar e é frequentemente chamado de «planeta vermelho» devido à sua cor característica. Marte é um planeta frio e deserto, mas possui uma atmosfera fina e uma superfície repleta de crateras, vulcões e cânions. Marte também possui calotas polares nos polos e um grande vale chamado Valles Marineris, que é o maior vale do sistema solar. Marte é um planeta que chama a atenção dos cientistas devido à sua semelhança com a Terra e à possibilidade de abrigar vida.

Os planetas terrestres também têm luas em órbita ao redor deles. A Terra possui apenas uma lua, enquanto Marte possui duas, Fobos e Deimos. Mercúrio e Vênus não possuem luas naturais. As luas de Marte são relativamente pequenas e irregulares. Fobos é a maior das duas luas e possui uma superfície coberta de crateras. Deimos, a menor das duas, é muito menor que Fobos e possui uma superfície lisa e sem crateras.

Os planetas gasosos e suas luas

No nosso sistema solar, os planetas gasosos são gigantes gasosos massivos que não possuem uma superfície sólida. Os quatro planetas gasosos são Júpiter, Saturno, Urano e Netuno. Esses planetas se caracterizam por sua atmosfera espessa e nublada, alta gravidade e grande número de luas.

Júpiter, o maior dos planetas do sistema solar, é composto principalmente de hidrogênio e hélio, com traços de outros elementos. Sua famosa Grande Mancha Vermelha é uma tempestade que tem ocorrido há séculos em sua atmosfera. Júpiter também possui um grande número de luas, sendo as mais conhecidas Io, Europa, Ganimedes e Calisto.

Saturno também é composto principalmente de hidrogênio e hélio, mas também possui traços de outros elementos. Sua atmosfera é conhecida por seus anéis espetaculares, que são compostos por bilhões de partículas de gelo e rocha. Saturno também possui muitas luas, sendo a maior delas

Titã, que possui uma atmosfera densa e lagos líquidos em sua superfície.

Urano e Netuno são ambos gigantes de gelo, compostos principalmente de água, amônia e metano. Eles também possuem anéis, embora muito menos visíveis do que os de Saturno. Urano é especialmente conhecido por sua rotação inclinada, que provavelmente foi causada por uma colisão com um planeta ou objeto massivo. Netuno é o planeta mais distante do Sol e também possui uma grande tempestade em sua atmosfera, conhecida como Grande Mancha Escura.

As luas desses planetas também são muito interessantes. Io, uma das luas de Júpiter, é o vulcão mais ativo no sistema solar. Titã, a maior lua de Saturno, possui uma atmosfera densa e lagos líquidos em sua superfície, o que a torna um objeto de grande importância para o estudo da vida extraterrestre potencial. Tritão, a maior lua de Netuno, também é interessante, pois provavelmente é um objeto capturado por Netuno e pode conter pistas sobre as origens do nosso sistema solar.

Diferença entre luas e satélites

Na astronomia, os termos «lua» e «satélite» são frequentemente usados de forma intercambiável para descrever objetos que orbitam um planeta. No entanto, há uma diferença sutil entre esses dois termos.

Em geral, uma lua é um corpo celeste natural que orbita um planeta específico. As luas geralmente são esféricas, o que significa que possuem gravidade suficientemente forte para se deformar e adquirir uma forma arredondada. As luas são frequentemente chamadas assim quando estão em órbita dos planetas terrestres, como a Terra, Marte ou Vênus. No caso da Terra, temos uma lua, que chamamos de Lua.

Por outro lado, um satélite pode ser tanto natural, como uma lua, quanto artificial, como satélites de comunicação ou telescópios em órbita da Terra. Satélites também podem orbitar diferentes tipos de corpos celestes, como planetas, estrelas, asteroides, cometas, etc.

Em resumo, cada lua é um satélite, mas nem todos os satélites são luas. Portanto, os termos «lua» e «satélite» são usados de forma intercambiável quando o objeto em questão é um corpo celeste natural que orbita um planeta.

Essa distinção sutil entre lua e satélite pode parecer insignificante, mas pode ser útil para entender a diversidade dos corpos celestes em nosso sistema solar e além. Ao estudar as luas e os satélites, podemos ter uma melhor compreensão das complexas interações gravitacionais que moldam nosso sistema solar e o universo em geral.

Asteroides, cometas e meteoritos

Os asteroides, cometas e meteoritos são objetos celestes fascinantes que têm grande importância para nosso entendimento da história e da evolução do Universo. Nesta seção, vamos explorar esses objetos e examinar seu impacto em nosso planeta e na vida.

Os asteroides são corpos rochosos que orbitam ao redor do Sol. Eles podem variar em tamanho de alguns metros a vários quilômetros de diâmetro. Alguns asteroides até possuem satélites orbitando em torno deles. A maioria dos asteroides orbita na cintura de asteroides entre Marte e Júpiter, mas alguns podem se aproximar da Terra.

Os cometas, por sua vez, são corpos gelados que são encontrados principalmente no sistema solar externo. Eles possuem órbitas altamente excêntricas, o que significa que podem se aproximar muito do Sol e criar caudas luminosas visíveis da Terra. Os cometas também transportam água e moléculas orgânicas, tornando-se objetos de interesse na busca por vida no Universo.

Os meteoritos, por sua vez, são pedaços de rocha espacial que sobreviveram à sua entrada na atmosfera terrestre. Quando um meteoro, também conhecido como estrela cadente, entra na atmosfera, ele aquece devido ao atrito com o ar e cria um rastro luminoso no céu. Os meteoritos são testemunhas da história do nosso sistema solar, pois contêm elementos que se formaram durante a formação do sistema solar.

Os asteroides, cometas e meteoritos têm todos um impacto em nosso planeta. Os asteroides podem causar impactos com a Terra, como o que provocou a extinção dos dinossauros há 65 milhões de anos. Os cometas também podem causar impactos, embora sejam muito mais raros. Os meteoritos, por sua vez, podem ter um impacto na Terra na forma de quedas de meteoritos, que podem ser recuperados e estudados para melhor compreender a história do nosso sistema solar.

Por fim, o estudo de asteroides, cometas e meteoritos pode nos ajudar a entender melhor a história e a evolução do nosso sistema solar. Missões de exploração, como a missão OSIRIS-REx da NASA, têm como objetivo coletar amostras de materiais de asteroides e retorná-las à Terra para estudo. Da mesma forma, a missão Rosetta da Agência Espacial Europeia permitiu o estudo próximo do cometa 67P/Churyumov-Gerasimenko e uma melhor compreensão da formação e evolução dos cometas.

As estrelas

A classificação e as propriedades das estrelas

A classificação das estrelas é um método utilizado para descrever e agrupar as estrelas de acordo com suas características físicas. As estrelas podem ser classificadas com base em sua temperatura, tamanho, luminosidade, composição química e idade. Essas características são usadas para criar uma sequência de estrelas, conhecida como sequência principal, que descreve as estrelas de acordo com sua massa e estágio de vida.

A classificação das estrelas com base em sua temperatura é o método mais comum. As estrelas são classificadas de acordo com seu espectro, que é a distribuição de sua luz em diferentes comprimentos de onda. O espectro de uma estrela pode ser analisado para determinar sua temperatura e composição química.

A classificação mais comumente usada para as estrelas é a classificação de Harvard, também conhecida como classificação OBAFGKM. Essa classificação agrupa as estrelas em sete classes principais, de acordo com sua temperatura. As estrelas mais quentes são classificadas na classe O, enquanto as estrelas mais frias são classificadas na classe M. A sequência das classes é O, B, A, F, G, K, M.

O tamanho das estrelas também é um critério importante de classificação. As estrelas são classificadas de acordo com sua massa, que é expressa em termos de massas solares.

Estrelas mais massivas têm uma vida mais curta e uma luminosidade maior do que estrelas menos massivas.

A luminosidade das estrelas é outra característica importante usada na classificação das estrelas. A luminosidade é medida em termos de luminosidade solar, que é a quantidade de luz emitida pelo Sol. As estrelas podem ser classificadas de acordo com sua magnitude absoluta, que é a luminosidade que elas teriam se estivessem a uma distância de 10 parsecs da Terra.

A composição química das estrelas também pode ser usada para classificá-las. As estrelas são compostas principalmente de hidrogênio e hélio, mas também contêm pequenas quantidades de outros elementos. Estrelas que contêm quantidades elevadas de metais, ou seja, elementos mais pesados que o hélio, são classificadas como estrelas ricas em metais.

Por fim, a idade das estrelas também é um critério importante de classificação. As estrelas nascem em nuvens de gás e poeira, chamadas nebulosas, e evoluem ao longo do tempo. As estrelas mais jovens ainda estão se formando e são classificadas como estrelas pré-sequência principal. Estrelas mais antigas são classificadas de acordo com seu estágio de vida, que pode ser sequência principal, gigante, supergigante ou anã branca.

A formação e a evolução estelar

A formação e a evolução estelar são processos fascinantes que têm cativado a atenção dos astrônomos há séculos. Esses processos são responsáveis pela incrível diversidade de estrelas que observamos em nosso Universo. As estrelas são formadas em nuvens moleculares gigantes, onde a gravidade atrai a matéria para formar uma bola de gás quente que se torna suficientemente densa para iniciar a fusão nuclear.

A fusão nuclear é um processo em que os átomos se fundem para formar átomos mais pesados, liberando energia. No caso das estrelas, a fusão nuclear é o processo que alimenta a produção de energia das estrelas. Uma vez que uma estrela é formada, ela evolui por diferentes estágios, dependendo de sua massa.

Estrelas de baixa massa, como o nosso Sol, passam por uma fase conhecida como sequência principal, onde produzem energia por meio da fusão de hidrogênio em hélio. Essa fase pode durar bilhões de anos. Durante essa fase, a estrela mantém um equilíbrio entre a gravidade, que atrai a matéria em direção ao seu centro, e a pressão da fusão nuclear, que empurra a matéria para fora.

No entanto, à medida que o combustível nuclear da estrela começa a se esgotar, ela começa a evoluir para outros estágios. Ela se contrai, aumentando a temperatura e a pressão em seu núcleo, permitindo que ela funda hélio em carbono e oxigênio. Quando todo o hélio é esgotado, a estrela se transforma em uma gigante vermelha, aumentando seu raio e resfriando sua superfície. Nesse estágio, ela pode engolir planetas mais próximos ou expelir sua camada externa para formar uma nebulosa planetária.

Se a estrela for suficientemente massiva, ela pode até fundir elementos mais pesados, como o ferro. No entanto, a evolução das estrelas de alta massa é mais complexa. Essas estrelas consomem seu combustível de maneira mais rápida e, portanto, são mais quentes e brilhantes do que as estrelas de baixa massa. Elas podem sofrer explosões periódicas, como flashes de luminosidade ou supernovas. No final de suas vidas, podem explodir em supernovas, deixando para trás estrelas de nêutrons ou buracos negros.

A massa da estrela é, portanto, um fator-chave para determinar sua evolução. Estrelas mais massivas têm vidas mais curtas, queimam seu combustível mais rapidamente e evoluem mais rapidamente do que estrelas de baixa massa. Estrelas de baixa massa podem viver bilhões de anos na sequência principal antes de evoluírem para gigantes vermelhas e, eventualmente, expelirem sua camada externa no espaço para formar nebulosas planetárias.

As estrelas desempenham um papel crucial na formação e na evolução das galáxias. A composição química das estrelas também é um elemento-chave de sua evolução. As estrelas são compostas principalmente de hidrogênio e hélio, mas contêm vestígios de elementos mais pesados, como carbono, oxigênio e ferro. A quantidade desses elementos em uma estrela depende de sua história e ambiente.

Estrelas massivas têm ventos estelares poderosos que

podem enriquecer seu ambiente com elementos mais pesados, enquanto estrelas de baixa massa têm ventos mais fracos e retêm os elementos mais pesados em suas atmosferas. Quando uma estrela morre, ela pode liberar esses elementos no espaço circundante, onde podem ser reciclados na formação de novas estrelas e planetas.

A formação e a evolução estelar são processos dinâmicos que continuam a ser estudados e explorados pelos astrônomos. Novas descobertas recentemente proporcionaram uma melhor compreensão dos processos físicos que regem as estrelas e sua evolução. Por exemplo, a observação de estrelas variáveis tem contribuído para a compreensão de como as estrelas pulsantes se formam e evoluem.

As estrelas também são cruciais para entender a formação e a evolução das galáxias. Estrelas mais massivas têm vidas mais curtas e são responsáveis pela produção dos elementos mais pesados, essenciais para a formação de planetas rochosos, como a Terra. Estrelas de nêutrons e buracos negros, que se formam no final da vida das estrelas massivas, também são objetos fascinantes que continuam a ser estudados pelos astrônomos.

As constelações e as estrelas mais famosas

As constelações e as estrelas mais famosas são objetos fascinantes e misteriosos que têm fascinado a imaginação humana por milhares de anos. As constelações são agrupamentos de estrelas que, vistas da Terra, parecem formar padrões reconhecíveis. Muitas vezes, elas foram usadas para navegação e contação de histórias mitológicas. Algumas constelações são famosas em muitas culturas, enquanto outras são conhecidas apenas em regiões específicas do mundo.

Entre as constelações mais famosas, podemos citar Órion, Ursa Maior, Cassiopeia e Leão. Órion é uma constelação visível no hemisfério norte que representa um caçador com uma espada e um escudo. Ursa Maior é uma constelação visível nos dois hemisférios que se assemelha a uma panela com suas sete estrelas brilhantes. Cassiopeia é uma constelação visível no hemisfério norte que se assemelha à letra «W». Leão é uma constelação visível no hemisfério norte que representa um leão deitado.

As estrelas mais famosas incluem Sírius, Polaris, Betelgeuse e Vega. Sírius, também conhecida como Alpha Canis Majoris, é a estrela mais brilhante do céu noturno. Polaris, também conhecida como Alpha Ursae Minoris, é a Estrela Polar que marca a direção norte para navegadores e observadores do céu. Betelgeuse, também conhecida como Alpha Orionis, é uma estrela vermelha gigante na constelação de Órion. Vega, também conhecida como Alpha Lyrae, é uma estrela brilhante na constelação da Lira.

As constelações e as estrelas mais famosas também têm histórias fascinantes e lendas associadas a elas. Por exemplo, Órion era um caçador na mitologia grega, e as estrelas da constelação representam seus ombros, braços, pernas e espada. Na mitologia egípcia, Sírius estava associada à deusa Ísis e era considerada um presságio da inundação anual do Nilo. Ursa Maior tem uma história diferente em muitas culturas, mas na cultura indígena americana, ela é frequentemente considerada um urso perseguido por caçadores.

Ao observar as constelações e as estrelas mais famosas, também podemos aprender muito sobre a estrutura do universo. A classificação das estrelas e sua posição no céu nos ajudam a entender como elas se formaram e como evoluem ao longo do tempo. As constelações também são úteis para localizar outros objetos no céu, como galáxias e nebulosas.

As supernovas e as estrelas de nêutrons

As supernovas e as estrelas de nêutrons são dois dos fenômenos mais espetaculares e fascinantes do universo. As supernovas são explosões cataclísmicas que ocorrem quando uma estrela massiva chega ao fim de sua vida. Durante essa explosão, a estrela libera uma quantidade de energia equivalente a bilhões de vezes a do Sol, iluminando brevemente o espaço ao redor e produzindo elementos mais pesados que o ferro, como ouro, chumbo e urânio, que são essenciais para a vida como a conhecemos.

As estrelas de nêutrons, por sua vez, são os remanescentes ultradensos de uma supernova. Elas são extremamente compactas e têm massa comparável à do Sol, mas seu raio é apenas cerca de 10 quilômetros. As estrelas de nêutrons geralmente giram muito rapidamente e emitem jatos de matéria em alta velocidade, criando emissões de raios X e gama que são visíveis da Terra.

Esses fenômenos desempenham um papel crucial na evolução do universo. As supernovas são responsáveis pela produção da grande maioria dos elementos mais pesados que o ferro, fundamentais para a formação da vida. As estrelas de nêutrons também estão envolvidas na produção desses elementos e são também as principais responsáveis pela produção de ondas gravitacionais, que foram recentemente detectadas pela primeira vez pelos cientistas.

A pesquisa sobre supernovas e estrelas de nêutrons está em constante evolução. Os astrônomos utilizam telescópios terrestres e espaciais para observar esses fenômenos e coletar dados sobre seu comportamento. Novas técnicas de modelagem numérica e simulação também são usadas para compreender os processos físicos envolvidos nessas explosões.

O estudo de supernovas e estrelas de nêutrons também é importante para entender a história do universo e sua estrutura em grande escala. De fato, as supernovas são marcadores cruciais para a medição de distâncias no universo, pois sua luminosidade característica permite usá-las como «velas padrão» para a medição de distâncias cósmicas. As estrelas de nêutrons também são importantes, pois sua forte gravidade pode desviar a luz de outros objetos, oferecendo assim uma visão única da estrutura do universo.

As galáxias

Os tipos de galáxias e suas estruturas

As galáxias são entidades fascinantes do nosso Universo. Elas são aglomerados de estrelas, gás e poeira interestelar, e sua diversidade é tão surpreendente quanto seu tamanho. Os cientistas há muito tempo procuram entender as diferentes estruturas das galáxias e os processos que as formaram.

As galáxias podem ser classificadas em diferentes tipos com base em sua forma, tamanho e composição. A classificação mais comum é baseada na forma morfológica da galáxia, que pode ser elíptica, espiral ou irregular.

As galáxias elípticas geralmente são as maiores e têm uma forma oval. Elas são compostas principalmente por estrelas mais velhas e têm pouco gás e poeira interestelar. Elas frequentemente têm uma aparência lisa e uniforme e são frequentemente consideradas remanescentes de antigas fusões de galáxias.

As galáxias espirais, por outro lado, têm uma forma característica com braços espirais distintos que se estendem a partir do centro. Esses braços contêm nuvens de gás e poeira interestelar, onde novas estrelas nascem. As galáxias espirais também têm uma região central densa chamada de núcleo, onde frequentemente se encontram buracos negros supermassivos. A Via Láctea, nossa própria galáxia, é uma galáxia espiral.

As galáxias irregulares têm uma forma caótica e não podem ser classificadas como elípticas ou espirais. Elas frequentemente são resultado de colisões ou fusões de galáxias. As galáxias anãs irregulares são as galáxias mais comuns de todas e frequentemente são satélites de galáxias maiores.

Além de sua forma, as galáxias também podem ser classificadas com base em sua matéria escura. A matéria escura é uma forma hipotética de matéria que não pode ser detectada diretamente, mas tem sido postulada para explicar observações cosmológicas. Galáxias ricas em matéria escura, como as galáxias anãs, geralmente são menores que as galáxias pobres em matéria escura.

Algumas galáxias, como as galáxias ativas, têm núcleos muito brilhantes e emitem quantidades enormes de radiação. As galáxias ativas frequentemente estão associadas a buracos negros supermassivos em rápida rotação, que sugam matéria do centro da galáxia. Esse processo de captura de matéria por um buraco negro cria jatos de plasma que podem ser observados a distâncias consideráveis da galáxia.

As galáxias também têm interações complexas com seu ambiente cósmico. As galáxias podem se atrair e fundir, formando assim galáxias mais massivas. Essas colisões também podem perturbar os discos estelares e as nuvens de gás, estimulando a formação de estrelas e criando regiões de formação estelar intensa.

Em resumo, as galáxias são estruturas fascinantes e diversas de nosso Universo. Sua forma, tamanho, conteúdo de matéria escura e ambiente cósmico complexo são todos fatores que as tornam únicas.

A Via Láctea e as galáxias vizinhas

A Via Láctea é nossa galáxia, uma imensa coleção de estrelas, gás e poeira que se estende por cerca de 100.000 anos-luz. Ela recebe esse nome porque aparece como uma faixa branca de luz no céu noturno, vista da Terra. A Via Láctea é uma das duas grandes galáxias espirais conhecidas, a outra sendo a galáxia de Andrômeda, e contém cerca de 200 a 400 bilhões de estrelas.

Nosso conhecimento da estrutura da Via Láctea se deve em grande parte à medição da distribuição da luz proveniente das estrelas da galáxia, bem como à observação de seu movimento. Isso nos permitiu entender que nossa galáxia tem uma forma de disco, com um bojo central e braços espirais se enrolando em torno do centro.

As estrelas no disco da Via Láctea são jovens e ricas em elementos pesados, enquanto as estrelas no halo da galáxia são mais antigas e mais pobres em elementos pesados. O halo também é a região onde a maioria dos aglomerados globulares da Via Láctea é encontrada. Os aglomerados globulares são grupos de estrelas muito densas e muito antigas que orbitam o centro galáctico. A Via Láctea possui cerca de 150 deles, que são excelentes ferramentas para estudar a evolução da galáxia.

A Via Láctea está rodeada por várias galáxias vizinhas, sendo as mais conhecidas as Nuvens de Magalhães, duas galáxias anãs irregulares localizadas a cerca de 160.000 anos-luz da Via Láctea, e a galáxia de Andrômeda, a cerca de 2,5 milhões de anos-luz. As Nuvens de Magalhães são facilmente visíveis a olho nu do hemisfério sul, enquanto a galáxia de Andrômeda é visível a olho nu em áreas rurais.

As galáxias anãs são as companheiras mais comuns de galáxias maiores, como a Via Láctea. Elas frequentemente têm formas irregulares e contêm poucas estrelas. As galáxias anãs também são importantes porque frequentemente são ricas em matéria escura, o que permite aos astrônomos estudar a distribuição de matéria escura no Universo.

As galáxias mais massivas geralmente estão rodeadas por um grande número de pequenas galáxias satélites. A Via Láctea possui cerca de 50 galáxias satélites, a maioria das quais é muito pequena e difícil de detectar. Algumas dessas galáxias satélites estão se fundindo com a Via Láctea, contribuindo assim para o crescimento da galáxia.

Ao estudar a distribuição das galáxias no Universo, os astrônomos podem entender como a matéria se agrupou para formar estruturas em grande escala, como aglomerados de galáxias e superaglomerados. Esses estudos também podem nos ajudar a entender a expansão do Universo e as propriedades da matéria escura e da energia escura.

A formação e a evolução das galáxias

A formação e a evolução das galáxias são uma das áreas mais fascinantes da astronomia. Observando as galáxias, testemunhamos a história do próprio universo. As galáxias são objetos massivos, compostos por gás, poeira e estrelas, que se formaram a partir de pequenas flutuações de densidade no meio intergaláctico primordial. Observações e simulações têm permitido um melhor entendimento dos processos físicos que levaram à formação das galáxias.

A formação das galáxias começou aproximadamente 400 milhões de anos após o Big Bang, quando os primeiros aglomerados de gás começaram a colapsar sob a influência da gravidade. Esses aglomerados esfriaram gradualmente e se contraíram, formando nuvens de gás molecular denso. Em seguida, essas nuvens fragmentaram-se para formar estrelas e aglomerados estelares, que continuaram a colapsar sob a influência da gravidade para formar os núcleos galácticos.

Com o passar do tempo, as galáxias continuaram a crescer através da fusão com outras galáxias e pela acumulação de gás e poeira. As colisões entre galáxias frequentemente desencadearam períodos de intensa formação de estrelas, conhecidos como «explosões de formação de estrelas». Essas explosões produziram estrelas massivas e brilhantes, que enriqueceram o meio interestelar com elementos pesados como carbono, oxigênio e ferro.

As galáxias apresentam uma grande variedade de formas e tamanhos. As galáxias espirais, como a Via Láctea, têm braços em espiral bem definidos e frequentemente contêm núcleos ativos onde um buraco negro supermassivo está se alimentando de matéria. As galáxias elípticas, por outro lado, têm uma forma mais arredondada e não possuem estrutura espiral visível. As galáxias irregulares são galáxias que não seguem uma estrutura regular, frequentemente sendo o resultado de colisões ou interações gravitacionais com outras galáxias.

A formação e a evolução das galáxias estão intimamente ligadas à matéria escura, uma forma de matéria invisível que interage gravitacionalmente com a matéria comum, mas não pode ser detectada diretamente. Simulações numéricas têm mostrado que a matéria escura desempenha um papel importante na formação das galáxias, fornecendo um potencial gravitacional para a matéria comum.

Outros objetos celestes

Buracos negros

Buracos negros são um dos fenômenos mais estranhos e fascinantes do Universo. Eles são regiões do espaço onde a gravidade é tão intensa que nada, nem mesmo a luz, consegue escapar. De fato, os buracos negros são criados quando estrelas massivas colapsam sobre si mesmas no final de suas vidas.

A primeira teoria sobre buracos negros remonta ao início do século XX, quando o físico alemão Karl Schwarzschild resolveu as equações da relatividade geral de Albert Einstein para descrever uma região do espaço onde a gravidade é tão intensa que impede qualquer matéria e radiação de escaparem.

Desde então, muitas observações confirmaram a existência de buracos negros, especialmente através de seus efeitos sobre objetos circundantes, como estrelas e gases.

Buracos negros têm tamanhos diferentes, variando de alguns quilômetros a bilhões de massas solares. Os menores são chamados de buracos negros primordiais, enquanto os maiores são chamados de buracos negros supermassivos. Suspeita-se que estes estejam localizados no centro de quase todas as galáxias, incluindo a Via Láctea.

Buracos negros podem parecer «aspiradores cósmicos», mas na realidade desempenham um papel importante na regulação de processos físicos no Universo. Eles estão envolvidos na formação de estrelas, na evolução de galáxias e até mesmo na criação de algumas das estruturas mais massivas do Universo, como os quasares.

Apesar do nome assustador, buracos negros não representam perigo para nós, pois estão muito distantes de nosso sistema solar. No entanto, eles continuam sendo um assunto importante de pesquisa para astrônomos e físicos, pois ainda são cercados de mistérios.

Por fim, buracos negros também têm inspirado obras de ficção e muitos filmes, como «Interestelar» e «Horizonte de Eventos». Eles fascinam e intrigam cientistas e o público em geral, pois representam uma fronteira entre o conhecido e o desconhecido, abrindo as portas para novas descobertas sobre o Universo.

Exoplanetas

Nesta seção, vamos explorar o emocionante campo dos exoplanetas, que são planetas localizados fora de nosso sistema solar. Desde a descoberta do primeiro exoplaneta em 1995, astrônomos detectaram milhares desses corpos celestes fascinantes. Vamos descobrir o que os torna tão especiais e os desafios enfrentados pelos cientistas ao estudá-los.

Exoplanetas são corpos celestes que orbitam estrelas diferentes do nosso Sol. A maioria dos exoplanetas detectados até agora são gigantes gasosos semelhantes a Júpiter, pois são mais fáceis de detectar devido ao seu tamanho grande. No entanto, avanços tecnológicos permitiram a descoberta de cada vez mais exoplanetas de pequeno porte, similares à Terra. Esses exoplanetas são alvos empolgantes para a busca de vida extraterrestre.

As técnicas de detecção de exoplanetas incluem o método de velocidades radiais, que mede as oscilações da estrela hospedeira causadas pela gravidade do planeta, e o método de trânsitos, que mede a diminuição do brilho da estrela hospedeira quando o planeta passa na frente dela. Ambos os métodos têm suas vantagens e limitações, mas juntos permitiram a descoberta de milhares de exoplanetas na Via Láctea.

O estudo de exoplanetas é importante para compreender a formação e evolução de sistemas planetários fora do nosso. Exoplanetas também podem nos ajudar a entender melhor a habitabilidade desses mundos e a busca por vida extraterrestre. Características dos exoplanetas, como seu tamanho, composição atmosférica e distância em relação à estrela hospedeira, podem fornecer pistas sobre sua habitabilidade.

No entanto, o estudo de exoplanetas também apresenta desafios significativos. A maioria dos exoplanetas está muito distante para serem observados diretamente, tornando difícil determinar sua composição e habitabilidade. Além disso, exoplanetas frequentemente estão próximos de suas estrelas hospedeiras, o que os expõe a condições extremas, como temperaturas altas e ventos solares. Assim, cientistas precisam encontrar maneiras inovadoras de estudar esses mundos distantes.

Matéria e energia escuras

Matéria e energia escuras são dois componentes misteriosos do Universo. Eles representam cerca de 95% da densidade energética total do Universo, mas sua natureza exata ainda é desconhecida. Matéria escura é invisível e não emite radiação eletromagnética, mas exerce uma força gravitacional sobre os objetos ao seu redor. Já a energia escura é uma forma de energia que parece acelerar a expansão do Universo.

A pesquisa sobre matéria e energia escuras é um campo em constante evolução, mas existem várias teorias para explicar sua presença no Universo. Algumas teorias propõem que a matéria escura é composta por partículas hipotéticas chamadas de WIMPs (partículas massivas fracamente interativas), enquanto outras sugerem que ela pode ser formada por matéria bariônica não detectada ou buracos negros microscópicos. Quanto à energia escura, algumas teorias a consideram como uma constante cosmológica, enquanto outras sugerem que ela pode estar relacionada a uma modificação da gravidade em grande escala.

Cientistas estudam matéria e energia escuras de várias maneiras. Por exemplo, astrônomos estudam os efeitos gravitacionais da matéria escura em galáxias e aglomerados de galáxias, bem como as flutuações de densidade de matéria no Universo. Por outro lado, a energia escura é estudada analisando a aceleração da expansão do Universo e as propriedades da luz emitida por supernovas do tipo Ia.

A compreensão de matéria e energia escuras é essencial para entender melhor a estrutura e a evolução do Universo. De fato, sua presença afeta a formação e distribuição de galáxias, bem como a expansão global do Universo. Além disso, o estudo desses componentes pode ajudar a testar teorias de gravidade e a melhorar nossa compreensão da física fundamental.

Em conclusão, matéria e energia escuras são componentes-chave do Universo, mas sua natureza exata ainda é um mistério. Os cientistas continuam trabalhando para entender melhor esses fenômenos enigmáticos e seus efeitos no Universo como um todo.

Observação Astronômica e Técnicas de Observação

Os instrumentos de observação e medição

Os instrumentos de observação e medição são essenciais para a astronomia, pois permitem coletar dados precisos e confiáveis sobre os objetos celestes. Esses instrumentos são frequentemente muito complexos e sofisticados, pois devem ser capazes de medir quantidades extremamente pequenas ou detectar sinais muito fracos provenientes de objetos distantes.

Um dos instrumentos mais comuns na astronomia é o telescópio. Os telescópios ópticos, que utilizam lentes e espelhos para coletar e focalizar a luz, são os mais comuns. Os telescópios de rádio, que coletam ondas de rádio emitidas pelos objetos celestes, também são muito importantes. Os telescópios infravermelhos e os telescópios de raios-X também são usados para coletar dados sobre objetos celestes que não emitem luz visível.

Os instrumentos de imagem também são muito importantes na astronomia. Câmeras CCD e detectores de luz são usados para capturar imagens dos objetos celestes. Espectrômetros são usados para medir a luz emitida pelos objetos celestes e determinar sua composição química e velocidade.

Relógios atômicos também são essenciais para a astronomia. Esses relógios são usados para medir o tempo com precisão, permitindo que os astrônomos acompanhem os movimentos dos objetos celestes e calculem sua posição exata.

Por fim, os computadores também são muito importantes na astronomia. Astrônomos utilizam computadores para armazenar e analisar os dados coletados pelos instrumentos de observação. Modelos computacionais também são usados para simular os movimentos dos objetos celestes e prever seu comportamento futuro.

Em suma, os instrumentos de observação e medição são indispensáveis para a astronomia, pois permitem que os astrônomos coletem dados precisos e confiáveis sobre os objetos celestes. Telescópios, instrumentos de imagem, espectrômetros, relógios atômicos e computadores são todos exemplos de importantes instrumentos usados na astronomia. Sem eles, não teríamos uma compreensão tão completa do Universo que nos cerca.

Técnicas de imagem e espectroscopia

No campo da astronomia, a imagem e a espectroscopia são técnicas essenciais para obter informações sobre os objetos celestes e entender sua natureza. A imagem consiste em obter imagens dos objetos celestes, enquanto a espectroscopia permite analisar a luz emitida ou refletida por esses objetos.

Na astronomia, a imagem pode ser realizada em diferentes comprimentos de onda do espectro eletromagnético, desde ondas de rádio até raios-X. Os telescópios ópticos são os mais comumente usados para imagem, mas também existem telescópios especializados para outros comprimentos de onda, como telescópios de rádio e infravermelhos.

A espectroscopia permite analisar a luz emitida ou refletida pelos objetos celestes para deduzir sua composição, temperatura, velocidade, etc. A espectroscopia também pode ser realizada em diferentes comprimentos de onda do espectro eletromagnético. Espectrômetros são os instrumentos mais comumente usados para espectroscopia na astronomia.

As imagens e espectros obtidos pelas técnicas de imagem e espectroscopia são frequentemente processados digitalmente para melhorar a qualidade dos dados e analisá-los mais facilmente. Portanto, softwares de processamento de imagens e espectroscopia são ferramentas indispensáveis para os astrônomos.

A imagem e espectroscopia são usadas em muitas áreas da astronomia, como o estudo de estrelas, galáxias, nebulosas e exoplanetas. Por exemplo, ao estudar os espectros da luz emitida por uma estrela, os astrônomos podem determinar sua composição química, temperatura e velocidade de rotação. Na imagem, é possível observar a estrutura da superfície de um planeta ou as diferentes etapas da formação de uma estrela.

Por fim, é importante destacar que a imagem e a espectroscopia na astronomia são áreas que estão em constante evolução. Avanços tecnológicos e novos telescópios permitem obter imagens e espectros cada vez mais precisos e detalhados, abrindo novas possibilidades de pesquisa e descoberta.

Fotometria

A fotometria é um ramo importante da astronomia, pois permite medir a luminosidade dos objetos celestes, fornecendo informações sobre sua temperatura, tamanho, composição química, distância e muito mais. A fotometria é usada para estudar muitos objetos no universo, como estrelas, planetas, galáxias, nebulosas e aglomerados estelares.

O estudo das estrelas é uma das áreas mais importantes da fotometria. Ao medir sua luminosidade, podemos determinar seu tipo espectral, temperatura e massa. As estrelas variáveis, cuja luminosidade varia ao longo do tempo, são particularmente interessantes, pois podem fornecer informações sobre a evolução estelar. A fotometria permite medir o período de variação de luminosidade dessas estrelas, o que pode ajudar a determinar sua massa, idade e composição química.

A fotometria também é usada para estudar exoplanetas, que são planetas que orbitam estrelas diferentes do Sol. Medindo a diminuição da luminosidade da estrela hospedeira quando um planeta passa em frente a ela, é possível determinar o tamanho e a órbita do planeta. A fotometria também pode revelar detalhes sobre a atmosfera dos exoplanetas, especialmente medindo a variação da luminosidade quando o planeta transita na frente da estrela hospedeira.

Objetos que emitem radiações eletromagnéticas em diferentes faixas de comprimento de onda também podem ser estudados por meio da fotometria. Por exemplo, a fotometria no infravermelho permite estudar objetos como galáxias distantes e nebulosas, que emitem principalmente nessa faixa de comprimentos de onda.

Fotômetros são os instrumentos usados para medir a luminosidade dos objetos celestes. Eles são projetados para capturar a quantidade de luz emitida por um objeto celeste em um determinado comprimento de onda. Fotômetros modernos podem ser equipados com sensores sensíveis que podem medir a luminosidade em níveis extremamente baixos, permitindo o estudo de objetos muito distantes.

A fotometria é uma ferramenta indispensável para os astrônomos, pois fornece informações sobre a natureza dos objetos celestes. Ao medir a luminosidade desses objetos, os astrônomos podem entender melhor sua evolução, composição química e comportamento. A fotometria também é usada em muitos outros ramos da astronomia, como a busca por planetas fora do sistema solar, o estudo de objetos que emitem radiações eletromagnéticas diferentes e muito mais.

Astrometria

A astrometria é um ramo fundamental da astronomia que permite medir a posição, o movimento e a distância dos objetos celestes com grande precisão. Essa disciplina desempenha um papel crucial em nossa compreensão do

Universo, permitindo mapear o espaço em três dimensões e rastrear a evolução de estrelas, planetas e galáxias ao longo do tempo.

Para medir a posição aparente dos corpos celestes na esfera celeste, a astrometria utiliza instrumentos como telescópios, câmeras, espectrógrafos e sensores CCD. Essas ferramentas permitem que os astrônomos acompanhem o movimento de estrelas, planetas e asteroides ao longo do tempo com grande precisão.

Um dos aspectos mais importantes da astrometria é a determinação da distância das estrelas. Para isso, os astrônomos utilizam o método de paralaxe, que consiste em medir a posição aparente de uma estrela em dois momentos diferentes do ano, quando a Terra está em posições opostas ao redor do Sol. Esse método permite calcular a distância das estrelas a até cerca de 1000 anos-luz. A paralaxe também permite determinar características físicas das estrelas, como seu tamanho, luminosidade e temperatura.

A astrometria também é usada para estudar os movimentos dos corpos do sistema solar. Planetas, luas e asteroides têm órbitas complexas que são influenciadas pela gravidade de outros corpos do sistema solar. Medindo precisamente sua posição aparente ao longo do tempo, os astrônomos podem determinar seu movimento e órbita com grande precisão. Essas medições são essenciais para prever eclipses, trânsitos e ocultações planetárias, bem como para acompanhar a trajetória de asteroides e cometas potencialmente perigosos para a Terra.

Além disso, a astrometria é usada para detectar exoplanetas. Quando um planeta orbita uma estrela, ele causa uma leve oscilação da estrela em torno de seu centro de massa comum. Essa oscilação pode ser medida usando técnicas de astrometria, permitindo detectar exoplanetas que seriam muito pequenos ou muito próximos de sua estrela para serem detectados por outros métodos. Essa técnica foi usada para detectar alguns dos primeiros exoplanetas descobertos, incluindo 51 Pegasi b, o primeiro exoplaneta descoberto ao redor de uma estrela semelhante ao Sol.

Por fim, a astrometria desempenha um papel importante no mapeamento do Universo em grande escala. Ao medir com precisão a posição e o movimento das galáxias, os astrônomos podem reconstituir a história da formação e evolução das estruturas cósmicas ao longo do tempo.

Telescópios e Observatórios

Os telescópios ópticos

Os telescópios ópticos são uma das ferramentas mais importantes para os astrônomos. Esses instrumentos permitem coletar a luz das estrelas e galáxias e concentrá-la em um ponto focal onde pode ser analisada e estudada.

Os telescópios ópticos podem ter diferentes tamanhos, variando de alguns centímetros a vários metros de diâmetro. Os maiores telescópios ópticos geralmente estão localizados em observatórios no topo das montanhas para minimizar os efeitos da poluição luminosa e atmosférica.

Os telescópios ópticos podem ser equipados com diversos instrumentos, como câmeras, espectrógrafos e polarímetros, para estudar diferentes aspectos da luz emitida pelos objetos celestes. As câmeras permitem capturar imagens dos objetos, enquanto os espectrógrafos permitem medir a composição química, a temperatura e o movimento dos objetos.

Os telescópios ópticos podem ser usados para estudar uma grande variedade de objetos, como estrelas, galáxias, nebulosas e aglomerados estelares. Eles também podem ser usados para estudar fenômenos como eclipses solares e trânsitos de exoplanetas.

A resolução de um telescópio óptico depende do comprimento de onda da luz coletada e do tamanho do espelho ou da lente. Uma resolução mais alta permite ver detalhes mais finos nas imagens.

No entanto, os telescópios ópticos têm limitações. A atmosfera terrestre pode afetar a qualidade da imagem coletada devido à turbulência atmosférica, o que limita a resolução. Para compensar isso, os astrônomos frequentemente usam técnicas de óptica adaptativa para corrigir os efeitos da turbulência atmosférica.

Além disso, a coleta de luz é limitada pela quantidade de luz disponível. Os telescópios ópticos não podem detectar todas as faixas de comprimento de onda da luz, o que significa que eles não podem detectar certos tipos de radiação, como ondas de rádio e raios-X.

Apesar dessas limitações, os telescópios ópticos ainda são uma das ferramentas mais importantes para os astrônomos. Eles possibilitaram muitas descobertas importantes na astronomia e continuam a desempenhar um papel fundamental na pesquisa astronômica atualmente.

Telescópios de rádio e infravermelho

Os telescópios de rádio e infravermelho são ferramentas importantes para a astronomia, pois permitem estudar objetos celestes invisíveis a olho nu e não detectáveis com telescópios ópticos. Os telescópios de rádio podem detectar ondas eletromagnéticas produzidas por emissões de gases e poeira interestelar, bem como as emissões de rádio de estrelas e galáxias. Já os telescópios infravermelhos são usados para detectar o calor emitido pelos objetos celestes, o que permite mapear a formação de estrelas e as regiões de poeira interestelar.

Os telescópios de rádio utilizam antenas parabólicas para coletar as ondas eletromagnéticas, que são então amplificadas e analisadas. Já os telescópios infravermelhos usam detectores sensíveis ao calor para capturar as emissões infravermelhas dos objetos celestes.

Os telescópios de rádio foram usados para descobrir fenômenos como pulsares, quasares, emissões de rádio da Via Láctea e explosões de raios gama. Eles também são usados para mapear a distribuição de gás nas galáxias e estudar as nuvens interestelares de poeira. Os telescópios infravermelhos permitiram a detecção de estrelas em formação e nuvens moleculares, bem como objetos como cometas e asteroides.

Os telescópios de rádio e infravermelho são frequentemente usados em conjunto com telescópios ópticos para fornecer uma imagem completa do Universo. Ao usar observações em diferentes comprimentos de onda, os astrônomos podem compreender as propriedades físicas dos objetos celestes, como sua temperatura, composição e movimento.

Os telescópios de rádio e infravermelho também são usados para buscar sinais de vida no Universo. Usando telescópios infravermelhos, os astrônomos podem detectar biomarcadores, moléculas orgânicas que podem indicar a presença de vida em um exoplaneta. Os telescópios de rádio também são usados para ouvir sinais extraterrestres em projetos como o SETI.

Os telescópios de raios X e gama

Os telescópios de raios X e gama são instrumentos astronômicos capazes de detectar radiações eletromagnéticas muito energéticas, como raios X e gama, que não podem ser detectados pelos telescópios ópticos convencionais. Esses telescópios são essenciais para o estudo dos fenômenos astronômicos mais energéticos e violentos do Universo, como explosões de supernovas, erupções de raios gama, buracos negros e pulsares.

Os telescópios de raios X usam detectores sensíveis a raios X para coletar a luz. Esses telescópios podem ser terrestres ou espaciais, mas a maioria dos telescópios de raios X está em órbita ao redor da Terra. Isso ocorre porque a atmosfera terrestre bloqueia a maioria dos raios X, o que torna difícil obter informações a partir de telescópios terrestres. Os telescópios de raios X em órbita também podem observar o céu em diferentes comprimentos de onda, o que permite obter informações valiosas sobre as fontes de raios X.

Os telescópios de raios gama, por sua vez, detectam raios gama, que são ainda mais energéticos do que os raios X. Os telescópios de raios gama também podem ser terrestres ou espaciais. Os telescópios de raios gama terrestres usam detectores montados em balões estratosféricos ou aviões para coletar dados, enquanto os telescópios de raios gama espaciais estão em órbita ao redor da Terra.

Um dos telescópios de raios gama mais famosos é o telescópio espacial Fermi da NASA, lançado em 2008. O Fermi foi projetado para estudar fontes de raios gama no Universo, incluindo explosões de supernovas, erupções de raios gama e buracos negros. Graças às suas observações, o Fermi contribuiu para nossa compreensão da física das erupções de raios gama e da formação de buracos negros.

No final, os telescópios de raios X e gama são ferramentas indispensáveis para os astrônomos que buscam entender os fenômenos mais energéticos e violentos do Universo. Embora esses telescópios sejam relativamente novos, eles já possibilitaram importantes descobertas que ampliaram nossa compreensão do Universo e de seus fenômenos mais extremos.

Observatórios espaciais e sondas

Observatórios espaciais e sondas espaciais são ferramentas valiosas para os astrônomos. Eles permitem coletar dados precisos sobre o Universo, sem serem afetados por interferências atmosféricas que podem distorcer os resultados das observações terrestres. Portanto, observatórios espaciais e sondas espaciais são usados para estudar muitos fenômenos astronômicos, como estrelas, galáxias, exoplanetas, nebulosas, aglomerados estelares, buracos negros e fenômenos cosmológicos, como a radiação cósmica de fundo.

Entre os observatórios espaciais mais famosos está o telescópio espacial Hubble, lançado em 1990 e ainda em atividade hoje. O Hubble permitiu que os astrônomos coletassem dados importantes sobre a expansão do Universo, a formação de estrelas e galáxias, e também produziu imagens espetaculares do Universo que foram amplamente divulgadas ao público em geral.

Outro observatório espacial importante é o telescópio espacial Spitzer, que foi especialmente projetado para observar o Universo no infravermelho. O Spitzer permitiu que os astrônomos coletassem dados valiosos sobre a formação de estrelas e planetas, bem como os processos físicos em galáxias distantes.

As sondas espaciais, por sua vez, são espaçonaves enviadas ao espaço para explorar objetos como planetas, cometas, asteroides e estrelas. As sondas espaciais permitem coletar dados importantes sobre esses objetos, como sua composição, estrutura, movimento e interação com o ambiente.

Entre as sondas espaciais mais famosas estão Voyager 1 e Voyager 2, lançadas em 1977 e que visitaram os planetas do sistema solar exterior antes de continuar sua viagem interestelar. A sonda Cassini-Huygens, lançada em 1997, estudou o planeta Saturno e suas luas por mais de 13 anos, fornecendo dados importantes sobre sua estrutura e evolução.

Observatórios espaciais e sondas espaciais são ferramentas valiosas para os astrônomos. Eles permitem coletar dados precisos sobre o Universo, explorar objetos espaciais distantes e fornecer informações importantes sobre a estrutura e evolução do Universo. Graças a essas ferramentas, os astrônomos podem continuar explorando o Universo e descobrindo coisas novas e emocionantes sobre nosso lugar nele.

Os processos físicos no Universo

Os modelos cosmológicos

Os modelos cosmológicos passaram por uma evolução significativa desde o surgimento da astronomia. Desde a antiguidade até os dias atuais, os cientistas têm buscado compreender a natureza do Universo e como ele funciona. A cosmologia moderna se tornou uma ciência importante que estuda as leis fundamentais do Universo e nos ajuda a compreender nosso lugar nele.

O modelo do Big Bang, um dos modelos cosmológicos mais famosos, baseia-se na ideia de que o Universo começou a partir de um estado inicial muito denso e quente há cerca de 13,8 bilhões de anos. Esse evento inicial foi seguido por uma rápida e violenta expansão chamada de inflação, que esticou o espaço e igualou a densidade da matéria. Desde então, o Universo continua a se expandir, esfriar e se desenvolver, formando galáxias, estrelas, planetas e, finalmente, a vida.

No entanto, ainda existem muitas incertezas e debates na comunidade científica sobre a natureza do Universo e como ele se desenvolveu desde o Big Bang. Os astrônomos estão tentando entender o que causou a inflação e como as estruturas galácticas se formaram a partir das flutuações iniciais na densidade da matéria.

Outros modelos cosmológicos foram propostos, como o modelo do Universo oscilante, o modelo do Universo eterno e o modelo do Universo em loop. Cada um desses modelos tem suas vantagens e desvantagens e está sendo estudado para uma melhor compreensão da natureza do Universo.

Observações cosmológicas têm levado a descobertas fascinantes, como buracos negros, estrelas de nêutrons, galáxias, aglomerados estelares e nebulosas. Os cientistas também estão estudando a matéria escura e a energia escura, dois conceitos necessários para explicar observações cosmológicas, mas que ainda são muito misteriosos.

Por fim, a cosmologia também está relacionada à busca por vida extraterrestre. Os astrônomos estão ativamente buscando por exoplanetas e sinais de vida no Universo, utilizando telescópios espaciais e terrestres. Os avanços tecnológicos permitiram a detecção de cada vez mais exoplanetas, e a busca por vida no Universo se tornou um dos assuntos mais emocionantes da cosmologia.

A gravidade e a relatividade geral

A gravidade é uma das forças fundamentais do Universo, responsável pela formação e movimento dos corpos celestes, desde planetas e estrelas até galáxias e o cosmos como um todo. Ela é descrita pela teoria da relatividade geral de Albert Einstein, que revolucionou nossa compreensão do espaço e do tempo.

Antes da teoria da relatividade geral, a gravidade era descrita como uma força que age à distância entre objetos massivos. Mas a teoria de Einstein mudou essa compreensão ao afirmar que a gravidade não é uma força, mas sim uma manifestação da geometria do espaço-tempo. De acordo com essa teoria, a presença de um corpo massivo curva o espaço-tempo ao seu redor, o que causa a deflexão das trajetórias dos corpos em movimento ao seu redor. Portanto, a gravidade é uma manifestação da curvatura do espaço-tempo, em vez de uma interação física entre os corpos.

Essa descrição da gravidade foi verificada experimentalmente diversas vezes, principalmente pela observação dos efeitos de lentes gravitacionais e das ondas gravitacionais. As lentes gravitacionais são um fenômeno previsto pela relatividade geral, no qual a luz de uma fonte distante é desviada pela curvatura do espaço-tempo ao redor de um corpo massivo em primeiro plano, criando uma imagem distorcida da fonte. As ondas gravitacionais, por sua vez, são ondulações no espaço-tempo que se propagam na velocidade da luz e são emitidas por corpos massivos em movimento.

A relatividade geral também permitiu uma melhor compreensão dos fenômenos astrofísicos que envolvem campos gravitacionais intensos, como buracos negros e estrelas de nêutrons. Buracos negros são objetos tão massivos e compactos que sua gravidade é tão forte que impede qualquer coisa, inclusive a luz, de escapar deles. Estrelas de nêutrons, por outro lado, são remanescentes de estrelas massivas que explodiram em supernovas e possuem uma gravidade extremamente alta. Esses objetos massivos têm efeitos significativos na curvatura do espaço-tempo ao seu redor, o que tem implicações para o movimento dos corpos celestes em sua vizinhança.

Observações astrofísicas também confirmaram a teoria

da relatividade geral, especialmente pela medição precisa da órbita de Mercúrio ao redor do Sol e pela detecção de ondas gravitacionais emitidas por eventos como a fusão de dois buracos negros ou duas estrelas de nêutrons. A medição precisa da órbita de Mercúrio demonstrou que o efeito gravitacional do Sol curva o espaço-tempo ao seu redor de acordo com a teoria de Einstein, enquanto as ondas gravitacionais foram detectadas por interferômetros a laser, como o LIGO e o VIRGO.

A física das estrelas e das galáxias

A física das estrelas e das galáxias é um ramo fascinante da astronomia que nos permite compreender como esses objetos celestes se formam, evoluem e interagem no universo. As estrelas e as galáxias são estruturas dinâmicas que sofrem influências da gravidade, pressão e temperaturas extremas. Nesta seção, exploraremos os principais conceitos da física estelar e galáctica.

A formação e evolução das estrelas são processos complexos que são regidos pelas leis da física. As estrelas se formam a partir de nuvens de gás e poeira nas regiões de formação estelar. A gravidade atrai matéria para o centro da região de formação, onde a temperatura e a pressão aumentam até que a fusão nuclear comece e uma estrela seja formada. A massa da estrela determina sua evolução. Estrelas massivas têm uma vida curta e explosiva, enquanto estrelas de baixa massa têm uma vida mais longa e tranquila.

As estrelas evoluem ao longo do tempo e seu destino é

determinado por sua massa inicial. Estrelas de baixa massa, como o nosso Sol, se tornarão anãs brancas no final de suas vidas. Estrelas massivas, por outro lado, terminarão suas vidas como supernovas, deixando para trás estrelas de nêutrons ou buracos negros. Estrelas binárias, que são duas estrelas orbitando uma em torno da outra, podem passar por transferências de matéria que afetam sua evolução e até mesmo levar à fusão das duas estrelas.

As galáxias, por sua vez, são estruturas massivas que contêm bilhões de estrelas e matéria interestelar. As galáxias são classificadas de acordo com sua forma, como galáxias espirais, elípticas e irregulares. A Via Láctea é a nossa própria galáxia e contém cerca de 200 bilhões de estrelas. As galáxias espirais, como a Via Láctea, possuem braços espirais que contêm estrelas e matéria interestelar, enquanto as galáxias elípticas não possuem estrutura espiral e são frequentemente resultado da fusão de duas ou mais galáxias.

A formação de galáxias é outra área importante da física estelar e galáctica. As galáxias se formam a partir da matéria interestelar e da matéria escura que gravitam juntas sob a influência da gravidade. Simulações computacionais e observações nos permitiram entender melhor como as galáxias se formaram e evoluíram ao longo do tempo.

As interações entre estrelas e galáxias também são uma área de estudo importante. Estrelas podem ser capturadas por galáxias ou serem ejetadas por interações gravitacionais. Colisões entre galáxias podem levar à formação de novas estrelas e à destruição de estrelas existentes.

Radiações eletromagnéticas

As radiações eletromagnéticas são uma das maneiras mais importantes pelas quais podemos estudar o Universo. Elas nos permitem observar objetos astronômicos que são muito distantes, muito pequenos ou muito frios para serem detectados por outros meios. As radiações eletromagnéticas também são usadas para sondar as propriedades físicas dos objetos, como sua temperatura, composição química e movimento.

As radiações eletromagnéticas são ondas eletromagnéticas que se propagam pelo espaço. Elas são produzidas por objetos astronômicos que emitem energia na forma de fótons, partículas elementares que transportam a energia das ondas eletromagnéticas.

As radiações eletromagnéticas são classificadas de acordo com seu comprimento de onda, ou seja, a distância entre dois picos sucessivos da onda. As radiações eletromagnéticas com comprimento de onda mais curto têm energia mais alta e são mais penetrantes do que aquelas com comprimento de onda mais longo. As radiações eletromagnéticas são geralmente classificadas em sete categorias principais:

- Ondas de rádio: têm comprimento de onda que varia de vários quilômetros a alguns milímetros e são usadas para estudar os objetos mais frios do Universo, como nuvens de gás e poeira.

- Micro-ondas: têm comprimento de onda que varia de alguns

milímetros a alguns centímetros e são usadas para estudar objetos mais quentes, como galáxias, aglomerados de galáxias e radiação cósmica de fundo.

- Infravermelho: tem comprimento de onda de alguns micrômetros a várias dezenas de micrômetros e é usado para estudar objetos mais quentes do que as micro-ondas, como estrelas, planetas, cometas e nebulosas.

- Luz visível: tem comprimento de onda de 400 a 700 nanômetros e é usado para estudar objetos mais próximos de nós, como o Sol, a Lua, planetas, estrelas e galáxias.

- Ultravioleta: tem comprimento de onda de algumas dezenas de nanômetros a várias centenas de nanômetros e é usada para estudar objetos mais quentes do que a luz visível, como as estrelas mais quentes, quasares e regiões emissoras de gás.

- Raios X: têm comprimento de onda de alguns nanômetros a alguns picômetros e são usados para estudar os objetos mais quentes e densos do Universo, como estrelas de nêutrons, buracos negros e galáxias ativas.

- Raios gama: têm comprimento de onda de alguns picômetros a alguns femtômetros e são usados para estudar os fenômenos mais energéticos do Universo, como supernovas, erupções solares e explosões de raios gama.

As radiações eletromagnéticas podem ser detectadas usando instrumentos de observação específicos, como telescópios de rádio, telescópios ópticos, telescópios infravermelhos, telescópios de raios X e telescópios de raios gama. Esses telescópios estão equipados com detectores sensíveis aos diferentes tipos de radiações eletromagnéticas e permitem que os astrônomos coletem dados valiosos sobre os objetos observados.

As radiações eletromagnéticas também são usadas para sondar as propriedades físicas dos objetos observados. Por exemplo, a análise da luz emitida por uma estrela permite que os astrônomos determinem sua temperatura, composição química e velocidade de rotação. Da mesma forma, a análise dos raios X emitidos por um buraco negro permite que os astrônomos determinem sua massa e estrutura interna.

As radiações eletromagnéticas também são usadas para detectar objetos astronômicos que não podem ser observados diretamente, como exoplanetas. Os astrônomos usam o método do trânsito para detectar exoplanetas medindo a diminuição na luminosidade de uma estrela quando o planeta passa na frente dela. Essa diminuição na luminosidade é causada pelo bloqueio de parte da luz da estrela pelo planeta.

Por fim, as radiações eletromagnéticas são usadas para sondar as origens e a evolução do Universo. A luz emitida pelos objetos mais distantes do Universo nos fornece informações valiosas sobre os primeiros momentos do Universo e a formação das primeiras estruturas, como galáxias e aglomerados de galáxias. Da mesma forma, a análise dos raios cósmicos nos permite determinar a composição do Universo e medir sua expansão.

Ondas gravitacionais

As ondas gravitacionais são perturbações no espaço-tempo que se propagam à velocidade da luz e são produzidas por objetos massivos em movimento. Elas foram previstas pela teoria da relatividade geral de Albert Einstein em 1916, mas levou quase um século para a primeira detecção direta em 2015 pelo detector LIGO.

Essas ondas são produzidas por eventos astronômicos violentos, como colisões de buracos negros, fusões de estrelas de nêutrons ou supernovas, que perturbam o espaço-tempo e criam ondulações que se propagam em todas as direções. As ondas gravitacionais podem fornecer informações valiosas sobre fenômenos cósmicos que não são acessíveis por outros meios de observação.

As ondas gravitacionais também têm permitido o estudo de objetos astrofísicos, como buracos negros e estrelas de nêutrons, de uma maneira sem precedentes. De fato, esses objetos são tão massivos e seus campos gravitacionais são tão intensos que eles deformam o espaço-tempo ao seu redor e criam ondas gravitacionais detectáveis. A detecção dessas ondas permite medir as propriedades desses objetos, como sua massa, rotação, distância e orientação.

A detecção de ondas gravitacionais também nos ajuda a entender melhor o Universo. Por exemplo, a detecção de ondas gravitacionais produzidas pela colisão de buracos negros confirmou a existência desses objetos misteriosos, que não podem ser observados diretamente. As ondas gravitacionais também podem fornecer informações sobre a densidade e distribuição da matéria no Universo, bem como sobre processos cósmicos, como a formação e evolução de galáxias.

A detecção de ondas gravitacionais é um empreendimento desafiador, pois as ondas são extremamente fracas e estão envoltas no ruído de fundo do Universo. Para detectá-las, instrumentos de alta precisão são necessários. O LIGO, localizado nos Estados Unidos, é atualmente o detector mais sensível do mundo. Outros detectores, como o Virgo na Itália e o KAGRA no Japão, também estão em operação ou em construção. O uso de vários detectores permite a triangulação das fontes de ondas gravitacionais para uma localização e caracterização melhores.

A detecção de ondas gravitacionais também abre novas perspectivas para a física fundamental. Por exemplo, a detecção da onda gravitacional GW170817 em 2017, produzida pela fusão de duas estrelas de nêutrons, permitiu confirmar que as ondas gravitacionais e a luz viajam à mesma velocidade e forneceu pistas sobre a estrutura interna das estrelas de nêutrons.

A origem e evolução do Universo

O Big Bang e os primeiros instantes

O Big Bang é o modelo cosmológico dominante que explica a origem e a evolução do Universo como o conhecemos hoje. De acordo com essa teoria, o Universo começou a partir de um estado extremamente denso e quente, há cerca de 13,8 bilhões de anos.

Nos primeiros instantes do Big Bang, o Universo estava cheio de um plasma de partículas subatômicas em movimento rápido e colisões constantes. Durante esse período, o Universo era extremamente quente e denso, e as forças eletromagnéticas e nucleares estavam fundamentalmente unificadas.

Após frações de segundo, o Universo resfriou e se expandiu rapidamente, tornando-se cada vez maior e menos denso. As partículas subatômicas começaram a se combinar para formar prótons e nêutrons, que por sua vez se associaram para formar núcleos atômicos. Esse processo levou à formação de hélio e lítio, bem como outros elementos mais pesados.

Após cerca de 380.000 anos, o Universo esfriou o suficiente para que elétrons e núcleos se combinassem para formar átomos neutros. Isso levou à liberação da radiação cósmica, que ainda é detectável hoje na forma da radiação cósmica de fundo.

Com o tempo, a matéria se aglutinou em estruturas maiores, como galáxias, aglomerados de galáxias e superaglomerados. A expansão do Universo continua até hoje, embora sua taxa tenha diminuído devido à atração gravitacional mútua das galáxias.

Embora o Big Bang seja um modelo cosmológico extremamente bem fundamentado por observações e dados experimentais, ainda existem muitas questões sem resposta. Por exemplo, ainda não sabemos o que causou o Big Bang ou o que precedeu os primeiros instantes do Universo.

No final, o estudo da origem e evolução do Universo é uma empreitada complexa e empolgante que envolve teorias complexas, observações astrofísicas e simulações por computador. No entanto, ao compreendermos os primeiros instantes do Big Bang, podemos ter uma melhor compreensão de como nosso Universo evoluiu para se tornar o que é hoje.

A formação das primeiras estruturas

A formação das primeiras estruturas do Universo é um marco crucial na história da astronomia e cosmologia. Ela marca o início da formação de galáxias, aglomerados e superaglomerados de galáxias que povoam o nosso Universo observável.

O Universo teve seu início em um estado extremamente denso e quente chamado Big Bang. À medida que o Universo se expandia e esfriava, a densidade e a temperatura diminuíam, permitindo que a matéria se condensasse em estruturas maiores. As primeiras estruturas a se formarem foram aglomerados de gás, que começaram a se contrair sob a influência da gravidade.

Conforme os aglomerados de gás se contraíam, sua temperatura e densidade aumentavam, desencadeando a fusão nuclear que produzia luz e calor. Esses objetos foram os primeiros a se iluminar no Universo, produzindo emissões de radiação que foram detectadas na forma de luz visível, ondas de rádio e outras formas de energia.

Os aglomerados de gás continuaram a crescer em tamanho e massa, até que sua gravidade se tornasse forte o suficiente para formar estrelas individuais a partir do gás. Essas estrelas produziram ainda mais luz e calor, permitindo que os aglomerados de gás continuassem a crescer e se condensassem em estruturas cada vez maiores.

Com o tempo, essas estruturas se aglutinaram para formar galáxias. As galáxias são aglomerados de estrelas, gás e poeira que estão ligadas pela gravidade. Elas podem ter diferentes formas, como espirais, elípticas e irregulares, e frequentemente contêm buracos negros supermassivos em seus centros.

As galáxias também se agrupam para formar aglomerados de galáxias, que são as maiores estruturas do Universo observável. Os aglomerados de galáxias podem conter centenas ou mesmo milhares de galáxias, e são ligados entre si pela gravidade.

A formação das primeiras estruturas do Universo foi, portanto, um processo complexo que envolveu gravidade, fusão nuclear e produção de luz e calor. Ela deu origem ao Universo que conhecemos hoje, com suas galáxias, aglomerados e superaglomerados de galáxias. Essa fascinante história do Universo nos ajuda a entender nosso lugar no cosmos e nos convida a continuar explorando e estudando o espaço ao nosso redor.

A expansão do Universo e a constante de Hubble

A expansão do Universo é um dos resultados mais notáveis da astronomia moderna. Baseia-se na observação de galáxias distantes que se afastam de nós com velocidades cada vez maiores. Essa observação levou à formulação da lei de Hubble, que descreve a expansão do Universo.

A lei de Hubble afirma que a velocidade de afastamento de uma galáxia é proporcional à sua distância. Isso significa que uma galáxia mais distante de nós se afasta mais rapidamente. Essa observação é consistente com a hipótese de que o Universo está em constante expansão desde o Big Bang. As primeiras observações da lei de Hubble foram feitas por Edwin Hubble em 1929.

A constante de Hubble é uma medida da taxa de expansão do Universo. Ela é expressa em unidades de quilômetros por segundo por megaparsec. O valor dessa constante tem sido mensurado várias vezes, com métodos diferentes, e atualmente é estimado em cerca de 70 km/s/Mpc. Isso significa que para cada megaparsec (3,26 milhões de anos-luz) de distância adicional entre dois pontos no Universo, a velocidade de expansão aumenta em 70 km/s.

A constante de Hubble tem implicações profundas para nossa compreensão do Universo como um todo. Ela implica que o Universo teve um começo, o Big Bang, e está em constante evolução desde então. Também sugere que o Universo é finito, mas ilimitado, ou seja, não há limite físico para sua extensão, mas seu tamanho pode ser infinito.

No entanto, a constante de Hubble não é realmente constante, mas varia dependendo da época do Universo em que a observamos. Por exemplo, a expansão do Universo era mais rápida no passado do que é hoje. Isso significa que a constante de Hubble era maior no passado. As medidas da constante de Hubble foram refinadas ao longo dos anos e ainda são objeto de debate e questionamento.

A expansão do Universo também tem implicações para a origem e evolução das galáxias. A expansão do Universo significa que as galáxias estão se afastando umas das outras, o que resulta em uma redução na densidade do Universo. Essa diminuição na densidade pode influenciar a formação e a evolução das galáxias ao longo do tempo.

A constante de Hubble é importante para determinar a idade do Universo, que é estimada em cerca de 13,8 bilhões de anos. Também é usada para estimar as distâncias de objetos astronômicos distantes, bem como para estudar a evolução do Universo como um todo.

É importante notar que a constante de Hubble não é realmente constante, mas varia dependendo da época do Universo em que a observamos. Por exemplo, a expansão do Universo era mais rápida no passado do que é hoje. Isso significa que a constante de Hubble era maior no passado.

Escalas de distância e tempo

A astronomia é uma disciplina que estuda fenômenos celestes que ocorrem em distâncias e escalas de tempo incrivelmente vastas. Para entender e quantificar esses fenômenos, os astrônomos desenvolveram escalas de distância e tempo que permitem medi-los e compará-los entre si.

Na astronomia, a distância é frequentemente medida em anos-luz, que é a distância percorrida pela luz em um ano. Essa unidade de medida é usada para descrever o tamanho de objetos astronômicos, como estrelas e galáxias, que estão a distâncias consideráveis da Terra. As distâncias entre corpos celestes também são medidas em unidades astronômicas (UA), que correspondem à distância média entre a Terra e o Sol.

Os astrônomos também usam unidades de tempo para descrever fenômenos astronômicos. Por exemplo, um ano sideral é o tempo necessário para a Terra completar uma órbita completa ao redor do Sol em relação às estrelas fixas. Essa unidade de tempo é usada para medir os períodos de rotação dos planetas e satélites.

Outra unidade de tempo importante em astronomia é o segundo, que é usado para medir intervalos de tempo muito pequenos, como os períodos de pulsação das estrelas e os tempos de reação dos instrumentos de observação. Os astrônomos também usam unidades de tempo mais longas, como bilhões de anos, para descrever eventos cósmicos em grande escala, como a formação de galáxias e a evolução do Universo.

Na astronomia, as escalas de distância e tempo estão intimamente relacionadas, pois a velocidade da luz, que é a velocidade mais rápida do Universo, permite que os astrônomos meçam a distância entre os objetos celestes usando o tempo que a luz leva para viajar de um para o outro. Portanto, quanto mais distante um objeto estiver, mais tempo a luz levará para alcançá-lo.

Também é importante destacar que as escalas de distância e tempo em astronomia muitas vezes são muito diferentes das que estamos acostumados em nossa vida cotidiana. Por exemplo, a distância entre a Terra e o Sol é de cerca de 150 milhões de quilômetros, o que parece enorme para nós, mas em termos astronômicos, essa distância é considerada relativamente pequena. Da mesma forma, as durações de eventos astronômicos podem ser extremamente longas, variando de bilhões de anos para a formação de galáxias a milissegundos para as pulsações de estrelas de nêutrons.

O destino do Universo

O destino do Universo é um dos tópicos mais fascinantes da astronomia. Desde o Big Bang, cerca de 13,8 bilhões de anos atrás, o Universo tem continuado a se expandir, esfriar e escurecer. Mas qual será o seu fim último? Para responder a essa pergunta, os astrofísicos devem levar em consideração as forças em jogo no Universo, bem como as propriedades dos componentes que o constituem.

Em primeiro lugar, é importante destacar que a expansão do Universo continuará indefinidamente, a menos que uma força desconhecida se oponha a essa expansão. De acordo com os modelos cosmológicos atuais, essa força é conhecida como energia escura. No entanto, a natureza exata da energia escura ainda é desconhecida e é um dos maiores mistérios da astronomia moderna.

Além disso, a gravidade desempenha um papel fundamental no destino do Universo. As galáxias estão em constante movimento, mas também são mantidas juntas pela gravidade. Se a expansão do Universo continuar, as galáxias continuarão a se afastar umas das outras e a gravidade acabará por não ser suficiente para mantê-las juntas. Nesse ponto, as estrelas de cada galáxia se dispersarão no espaço, e as próprias galáxias se dissolverão no nada.

Também é possível que o Universo termine em um Big Freeze, também conhecido como morte térmica. Nesse cenário, o Universo continuará a se expandir, mas chegará a um ponto em que se expandirá tanto que toda a matéria se dissipará. As estrelas se apagarão, deixando apenas anãs brancas, estrelas de nêutrons e buracos negros. Eventualmente, a temperatura do Universo cairá quase a zero, levando ao fim de qualquer forma de vida.

Outra possibilidade é que o Universo sofra um Big Crunch. Se a quantidade de matéria no Universo for suficiente, a gravidade pode vencer a expansão, resultando em uma redução do espaço e da matéria. As galáxias se aproximarão umas das outras, eventu- amente convergindo em uma massa enorme. No final, o Universo se comprimirá em um ponto quente e denso, que poderia ser o ponto de partida de um novo Big Bang, e o Universo começaria novamente o ciclo de expansão e contração.

Em última análise, o destino do Universo dependerá de muitos fatores, como a quantidade de matéria, energia escura e gravidade. No entanto, seja qual for o fim que o Universo encontrará, podemos ter certeza de que sua fascinante história continuará a nos intrigar e inspirar por séculos a venir.

Astronomia Exoplanetária e a Busca por Vida Extraterrestre

Biomarcadores e a detecção de vida

Biomarcadores são indicadores da presença de vida que podem ser detectados à distância. Eles são considerados evidências indiretas de vida, pois indicam que certas propriedades físicas e químicas da vida como a conhecemos podem ser observadas em outros planetas.

Os cientistas estão procurando biomarcadores confiáveis para detectar a presença de vida extraterrestre, mas a detecção de biomarcadores é um desafio tecnológico complexo. Os biomarcadores mais buscados são gases como oxigênio, metano e amônia. O oxigênio é produzido pela fotossíntese das plantas, enquanto o metano é produzido pela decomposição da matéria orgânica e também pode ser emitido por microrganismos metanogênicos. A amônia é produzida pela decomposição de proteínas e pode ser utilizada por alguns microrganismos como fonte de energia.

No entanto, a presença desses gases não pode ser considerada uma prova absoluta de vida, pois eles também podem ser produzidos por processos não biológicos. Portanto, os cientistas estão buscando outros biomarcadores mais confiáveis, como moléculas orgânicas complexas que são específicas da vida.

Uma dessas moléculas é o aminoácido, que é a base

das proteínas. As proteínas são essenciais para a vida e são produzidas exclusivamente por organismos vivos. Os cientistas também estão procurando ácidos nucleicos, como o DNA e o RNA, que são a base da reprodução e da evolução biológica. A presença dessas moléculas orgânicas complexas pode ser considerada uma evidência mais sólida de vida.

No entanto, a detecção de biomarcadores é um desafio tecnológico importante, pois é necessário ser capaz de detectá-los à distância, em ambientes extremos e em quantidades muito baixas. Os cientistas estão desenvolvendo novas técnicas para detectar esses biomarcadores, como a espectroscopia e a cromatografia, que permitem detectar moléculas específicas nas amostras.

É importante notar que a vida pode assumir formas muito diferentes das que conhecemos, e os biomarcadores que estamos procurando podem não ser relevantes para outras formas de vida. Portanto, a busca por vida extraterrestre deve ser realizada com muito cuidado e mente aberta. Os cientistas devem estar preparados para aceitar formas de vida inesperadas e desenvolver novos métodos de detecção para encontrá-las.

Os projetos de pesquisa SETI e os sinais extraterrestres

Os projetos de pesquisa SETI (Search for Extra-Terrestrial Intelligence) têm o objetivo de detectar sinais de civilizações extraterrestres no espaço. Essas pesquisas são baseadas na hipótese de que se a vida existe em outros planetas, então algumas dessas civilizações também podem ter desenvolvido tecnologias de comunicação.

A pesquisa SETI está sendo conduzida há várias décadas, mas nenhum sinal claro foi detectado até agora. Isso não significa que estamos sozinhos no universo, mas simplesmente que a pesquisa é complexa e requer recursos significativos. Os cientistas utilizam várias metodologias para procurar sinais, incluindo a observação de ondas de rádio e pesquisas ópticas.

Um dos projetos de pesquisa SETI mais conhecidos é o programa SETI@home. Ele é um projeto de computação distribuída no qual voluntários do mundo todo podem baixar um software em seus computadores que utiliza a capacidade de processamento não utilizada para analisar dados radioastronômicos em busca de sinais extraterrestres. Esse projeto possibilitou o processamento de uma quantidade incrível de dados, mas ainda não resultou na detecção de um sinal claro.

Outros projetos de pesquisa SETI incluem o programa Breakthrough Listen, que utiliza telescópios para procurar sinais em várias frequências de rádio, e o projeto Laser SETI, que busca sinais ópticos em vez de sinais de rádio. Projetos mais recentes, como o projeto Galileo, que lançou seu primeiro telescópio em 2021, estão focados no uso de inteligência artificial para analisar grandes volumes de dados na esperança de detectar sinais extraterrestres.

No entanto, a pesquisa SETI é complexa e apresenta desafios significativos. Primeiro, os sinais que buscamos podem ser muito fracos e difíceis de detectar. Além disso, não sabemos como um sinal extraterrestre se parece, então é difícil determinar exatamente o que procurar. Por fim, mesmo se um sinal for detectado, isso não significa necessariamente que ele provenha de uma civilização extraterrestre, pois pode haver explicações naturais ou terrestres para esse sinal.

Apesar desses desafios, a pesquisa SETI continua sendo uma empreitada emocionante para cientistas e entusiastas da astronomia. A possibilidade de descobrir uma civilização extraterrestre fascina a humanidade há séculos, e a pesquisa SETI talvez nos aproxime um pouco mais dessa descoberta. No final das contas, quer detectemos ou não sinais extraterrestres, a pesquisa SETI nos ajuda a entender melhor nosso lugar no universo e a apreciar a beleza e a complexidade do espaço ao nosso redor.

Missões de exploração espacial e a busca por vida no sistema solar

A busca por vida no sistema solar é um dos principais objetivos das missões de exploração espacial. Os cientistas estão procurando evidências de vida passada ou presente em corpos celestes como Marte, Europa, Encélado e Titã. Essa pesquisa é motivada pela ideia de que a vida pode ter surgido em outros lugares do universo, e a descoberta de vida extraterrestre teria implicações significativas para nossa compreensão da vida e do universo.

As missões de exploração espacial descobriram muitas evidências sugerindo que a vida possa ter existido em Marte no passado. As rochas marcianas contêm minerais que só podem se formar na presença de água líquida, o que sugere que o planeta Vermelho já teve oceanos e rios no passado. Além disso, as missões descobriram vestígios de metano na atmosfera de Marte, que podem ser produzidos por formas de vida microbianas.

As luas geladas de Júpiter e Saturno, como Europa, Encélado e Titã, também são alvos potenciais para a busca por vida. Observações mostraram que essas luas têm oceanos subterrâneos de água líquida, que podem ser habitáveis. As missões propostas para explorar essas luas podem procurar sinais de vida analisando amostras de água ou procurando por moléculas orgânicas que possam estar associadas a formas de vida.

Além das missões de exploração planetária, a busca por vida extraterrestre também é realizada por meio de telescópios espaciais e observações da Terra. Telescópios como o Telescópio Espacial Hubble e o Telescópio James Webb foram projetados para estudar as atmosferas de exoplanetas e buscar sinais de vida, como a presença de dióxido de carbono.

A busca por vida no sistema solar e além é um campo emocionante e em constante evolução da astronomia. Futuras missões de exploração espacial, como a Missão de Retorno de Amostras de Marte e a Missão Europa Clipper, devem fornecer novas informações sobre as possibilidades de existência de vida em outros corpos celestes. No entanto, mesmo se nenhuma vida for encontrada, essas missões ajudarão a aprofundar nossa compreensão da história e da diversidade de nosso sistema solar e do universo.

Exploração Espacial

A história da exploração tripulada

A história da exploração tripulada é uma das mais fascinantes da humanidade. Desde os primeiros passos do homem na Lua em 1969, continuamos a explorar o nosso sistema solar e além. Esta seção examina os eventos mais importantes da exploração espacial tripulada e os desafios que tivemos que enfrentar para alcançá-la.

Em 12 de abril de 1961, o cosmonauta soviético Yuri Gagarin se tornou o primeiro homem a viajar para o espaço, realizando um voo orbital ao redor da Terra a bordo da cápsula Vostok 1. Menos de um mês depois, em 5 de maio de 1961, o presidente americano John F. Kennedy anunciou que os Estados Unidos enviariam um homem à Lua antes do final da década.

Os primeiros passos em direção a esse objetivo foram dados pelo programa Gemini, que permitiu desenvolver técnicas de voo espacial tripulado em órbita terrestre. As missões Gemini culminaram com o histórico voo da missão Gemini 8 em 1966, que foi a primeira missão a acoplar duas espaçonaves em órbita.

O programa Apollo foi lançado em 1967 com o objetivo de enviar astronautas para a Lua. O primeiro voo tripulado do programa Apollo, Apollo 7, ocorreu em outubro de 1968 e testou as técnicas de voo em órbita terrestre baixa. O primeiro voo tripulado da missão Apollo à Lua, Apollo 8, foi lançado em dezembro de 1968 e realizou uma órbita lunar.

O histórico voo da Apollo 11 em julho de 1969 permitiu que Neil Armstrong e Buzz Aldrin se tornassem os primeiros homens a pisar na Lua. Esse evento marcou o ápice do programa Apollo e foi considerado um dos momentos mais importantes da história da humanidade.

Após o programa Apollo, a NASA voltou sua atenção para o ônibus espacial, que foi projetado para fornecer acesso mais barato ao espaço. A primeira missão do ônibus espacial, STS-1, foi lançada em abril de 1981 e testou as técnicas de voo do ônibus espacial.

Nos anos seguintes, o ônibus espacial foi usado para lançar satélites em órbita, realizar missões de pesquisa científica e construir a Estação Espacial Internacional (EEI). A construção da EEI começou em 1998 e foi concluída em 2011.

Paralelamente, os soviéticos continuaram seu próprio programa espacial com missões tripuladas, incluindo a estação espacial Mir, que esteve em serviço de 1986 a 2001. Em 2000, a Rússia se juntou aos Estados Unidos, Europa, Canadá e Japão na construção da EEI.

Desde o fim do programa do ônibus espacial em 2011, os Estados Unidos têm se concentrado no desenvolvimento de novas espaçonaves para transportar astronautas para a EEI e além. Empresas privadas, como a SpaceX, estão desenvolvendo novas espaçonaves, incluindo a Crew Dragon, que realizou sua primeira missão tripulada em maio de 2020. Outras empresas, como a Boeing, também estão desenvolvendo novas espaçonaves para transportar astronautas.

Além de voos em órbita terrestre baixa, viagens interplanetárias também têm sido um objetivo-chave da exploração espacial tripulada. Em 1971, a missão soviética Mars 3 foi a primeira a pousar em Marte, embora não tenha conseguido transmitir dados por muito tempo. Desde então, várias missões da NASA foram enviadas a Marte, incluindo o rover Perseverance, que pousou no planeta vermelho em fevereiro de 2021.

Além do nosso sistema solar, os seres humanos também enviaram sondas para destinos como planetas externos, cometas e asteroides. A sonda Voyager 1, lançada em 1977, deixou o sistema solar em 2012 e continua a transmitir dados sobre o espaço interestelar.

A exploração espacial tripulada resultou em muitas descobertas importantes sobre o espaço e nosso lugar no universo. Também estimulou o desenvolvimento de tecnologias avançadas em muitas áreas, como medicina, computação e engenharia.

No entanto, a exploração espacial tripulada também apresenta muitos desafios, incluindo a segurança dos astronautas, o gerenciamento de detritos espaciais e a necessidade de equilibrar a exploração espacial e a proteção do meio ambiente terrestre.

Apesar desses desafios, a exploração espacial tripulada continuará sendo um objetivo importante para a humanidade, pois nos permite compreender melhor o espaço e nosso lugar no universo, e também pode nos ajudar a responder a perguntas fundamentais sobre a vida, a origem do universo e nosso futuro como espécie.

Perspectivas para a exploração tripulada

A exploração tripulada é uma das áreas mais fascinantes da astronomia. Desde os primeiros passos do homem na Lua em 1969, a humanidade não parou de sonhar em ir além na exploração do espaço. As perspectivas para a exploração tripulada são ao mesmo tempo ambiciosas e promissoras, mas também complexas e dispendiosas.

As missões espaciais tripuladas permitem que os astronautas alcancem lugares mais distantes no espaço do que as sondas e telescópios podem fazer. Elas oferecem a oportunidade de estudar as condições de vida fora da Terra, testar novas tecnologias e preparar futuras missões de exploração. Portanto, as perspectivas para a exploração tripulada são muito promissoras.

As próximas missões espaciais tripuladas incluem o retorno à Lua e o envio de humanos a Marte. Essas missões serão muito caras, mas podem trazer avanços significativos em termos de compreensão do espaço e desenvolvimento tecnológico. Agências espaciais como a NASA, ESA e Roscosmos estão trabalhando em programas ambiciosos para realizar essas missões.

O retorno à Lua está previsto para os próximos anos, com a missão Artemis da NASA, cujo objetivo é enviar a primeira mulher à Lua em 2024. Essa missão permitirá testar novas tecnologias e preparar futuras missões para Marte. De fato, a Lua é um ponto de partida ideal para missões a Marte, pois permite testes em condições semelhantes às encontradas no planeta vermelho.

O envio de humanos a Marte é um dos projetos mais ambiciosos da história da exploração espacial. Essa missão requer tecnologia de ponta e grandes custos. As agências espaciais estão atualmente trabalhando no desenvolvimento de tecnologias para sustentar a vida humana em Marte, como sistemas de regeneração de ar e água, sistemas de proteção contra radiação e meios de produção de energia no local.

Essas missões são desafios incríveis, mas podem trazer conhecimentos cruciais para o futuro da humanidade. A exploração tripulada é uma empreitada arriscada, mas também empolgante. Ela inspira gerações a descobrir e explorar o universo. Portanto, as perspectivas para a exploração tripulada são não apenas importantes para a ciência, mas também para a cultura e a sociedade em geral.

Missões robóticas

As missões robóticas são um dos principais meios para estudar e explorar o espaço. Robôs têm sido usados para explorar corpos celestes como a Lua, Marte, asteroides e cometas, bem como para estudar o ambiente espacial e realizar observações astronômicas.

As missões robóticas têm várias vantagens em relação às missões tripuladas. Elas são menos dispendiosas, mais seguras e mais flexíveis em termos de tempo e alcance. Além disso, os robôs podem realizar tarefas que seriam perigosas ou impossíveis para os seres humanos, como entrar em contato com corpos celestes com condições hostis.

Os robôs espaciais são equipados com diversos instrumentos científicos, como câmeras, espectrômetros, analisadores de partículas, brocas, braços robóticos e instrumentos de medição. Esses instrumentos permitem que os robôs coletem dados sobre o ambiente espacial, geologia, química e meteorologia dos corpos celestes.

As missões robóticas têm resultado em muitas descobertas importantes em astronomia e ciência planetária. Por exemplo, a missão Mars Rover descobriu evidências da presença passada de água em Marte, além de minerais e rochas que sugerem que o planeta vermelho tinha uma atmosfera mais densa no passado. Missões a asteroides descobriram informações sobre a composição e estrutura desses corpos, enquanto missões a cometas forneceram pistas sobre a formação do sistema solar.

As missões robóticas também foram usadas para estudar o ambiente espacial. Satélites de monitoramento terrestre e solar permitiram o estudo de condições meteorológicas, qualidade do ar, poluição e radiação solar. Telescópios espaciais, como o telescópio espacial Hubble, permitiram a observação de objetos celestes em comprimentos de onda invisíveis ao olho humano, fornecendo informações sobre a composição, estrutura e evolução do universo.

As futuras missões robóticas incluem missões à Lua, Marte e outros corpos celestes, além de telescópios espaciais mais avançados e missões em busca de vida extraterrestre. Avanços tecnológicos, como inteligência artificial, robótica autônoma e comunicações mais rápidas, permitirão que os robôs realizem tarefas mais complexas e coletem dados mais precisos.

Sondas interplanetárias

As sondas interplanetárias são espaçonaves projetadas para explorar nosso sistema solar, enviando informações e imagens detalhadas sobre planetas, luas, asteroides e cometas. Essas sondas são projetadas para resistir às condições extremas do espaço e para funcionar de forma autônoma por anos.

O primeiro grande sucesso na exploração interplanetária foi a missão Voyager, lançada em 1977. As sondas Voyager visitaram os planetas Júpiter, Saturno, Urano e Netuno, fornecendo informações sem precedentes sobre esses mundos distantes e suas luas. Desde então, muitas outras sondas interplanetárias foram lançadas para explorar Marte, Vênus, Mercúrio e outros corpos celestes.

As sondas interplanetárias são equipadas com uma variedade de instrumentos científicos, como câmeras, espectrômetros e magnetômetros, que permitem medir as características físicas e químicas dos corpos celestes visitados. Esses instrumentos podem fornecer imagens de alta resolução, espectros de luz e campos magnéticos, entre outros dados.

As sondas interplanetárias resultaram em muitas descobertas importantes. Por exemplo, as sondas Viking detectaram evidências de vida microbiana em Marte, enquanto a missão Cassini revelou informações sobre a estrutura dos anéis de Saturno e a composição de sua atmosfera.

Além disso, as sondas interplanetárias também ajudaram a entender a história do nosso sistema solar. As sondas permitiram analisar as crateras nas superfícies dos planetas e luas, além de descobrir evidências da existência de vulcões, geleiras e rios em corpos celestes anteriormente considerados mortos.

Por fim, as sondas interplanetárias desempenham um papel crucial na busca por vida extraterrestre. As sondas revelaram a presença de água em Marte e oceanos sob as superfícies congeladas das luas de Júpiter e Saturno. Essas descobertas sugerem que a vida pode existir em outros lugares de nosso sistema solar e nos incentivam a explorar mais esses mundos.

Telescópios espaciais

Telescópios espaciais são instrumentos de observação projetados para serem enviados ao espaço e que oferecem uma visão deslumbrante do universo. Ao contrário dos telescópios terrestres, os telescópios espaciais não são afetados por interferências atmosféricas, o que permite obter imagens muito mais nítidas e precisas. Também permitem observar comprimentos de onda que não podem ser observados da Terra, como raios X, raios gama e infravermelhos.

O telescópio espacial mais famoso é o telescópio espacial Hubble, lançado em 1990 e ainda em operação até hoje. Ele permitiu muitas descobertas revolucionárias no campo da astronomia, fornecendo imagens incrivelmente detalhadas de galáxias distantes, medindo a expansão do universo e descobrindo novos planetas fora do nosso sistema solar.

No entanto, também existem outros telescópios espaciais, cada um especializado em uma área específica da astronomia. O telescópio espacial Spitzer, lançado em 2003, é especializado na observação do universo no infravermelho e revelou detalhes inéditos sobre processos de formação de estrelas e galáxias. O telescópio espacial Chandra, lançado em 1999, é especializado na observação de raios X e permitiu a descoberta de objetos como buracos negros supermassivos e estrelas de nêutrons.

Outro telescópio espacial importante é o telescópio espacial James Webb, programado para ser lançado em 2021. Ele será o telescópio mais poderoso já construído e será usado para estudar a história do universo desde o seu início até os dias atuais. Também será usado para estudar as atmosferas de exoplanetas fora do nosso sistema solar, na esperança de descobrir sinais de vida extraterrestre.

Telescópios espaciais são extremamente caros de serem construídos e lançados, mas as informações e imagens que fornecem são inestimáveis para nossa compreensão do universo. Eles são ferramentas essenciais para astrônomos profissionais, mas também permitiram que entusiastas da astronomia descobrissem incríveis imagens do espaço. Com o avanço da tecnologia, podemos esperar novas descobertas e avanços incríveis graças a esses telescópios espaciais nos próximos anos.

Desafios da exploração espacial e tecnologias emergentes

A exploração espacial representa um desafio tecnológico e financeiro sem precedentes. Missões espaciais exigem investimentos colossais e tecnologias avançadas para realizar missões complexas e arriscadas. No entanto, os benefícios da exploração espacial são muitos e as tecnologias emergentes podem ajudar a resolver alguns dos desafios mais urgentes de nosso tempo.

O principal desafio da exploração espacial é permitir que o ser humano viaje pelo espaço com segurança e de forma sustentável. Para isso, muitas tecnologias são necessárias, como sistemas de propulsão avançados, materiais leves e resistentes, sistemas de sobrevivência autônomos e sistemas de comunicação e navegação eficientes. Tecnologias emergentes, como propulsão elétrica, nanotecnologia e inteligência artificial, podem ajudar a enfrentar esse desafio, reduzindo custos e melhorando a eficiência das missões.

Outro desafio importante é a proteção dos astronautas contra a radiação cósmica. As radiações ionizantes podem danificar células e tecidos, aumentando o risco de câncer e outras doenças. São necessárias soluções inovadoras para proteger os astronautas da radiação, como materiais de blindagem mais eficientes ou maneiras de desviar as radiações ionizantes. Tecnologias emergentes, como metamateriais e bioengenharia, podem trazer soluções para esse problema.

A exploração espacial também pode contribuir para resolver alguns dos problemas mais urgentes de nosso tempo, como mudanças climáticas, segurança alimentar e recursos naturais limitados. Tecnologias emergentes, como agricultura em ambiente fechado, produção de energia solar no espaço e mineração de asteroides, podem oferecer soluções sustentáveis para esses problemas.

Finalmente, a exploração espacial pode inspirar uma nova geração de cientistas e engenheiros. Missões espaciais têm cativado a imaginação das pessoas há décadas e estimularam a inovação e a pesquisa científica em muitas áreas. Tecnologias emergentes, como realidade virtual e realidade aumentada, podem ajudar a tornar a exploração espacial mais acessível e inspirar as gerações mais jovens a seguir uma carreira em ciência e tecnologia.

O impacto da astronomia na sociedade e cultura

A astronomia e a filosofia

A astronomia e a filosofia têm uma longa história em comum. Desde a Antiguidade, os filósofos têm se questionado sobre a natureza do Universo e nosso lugar nele. A astronomia, por sua vez, tem fornecido respostas para algumas dessas questões, ao mesmo tempo em que levanta novas. Nesta seção, exploraremos as conexões entre a astronomia e a filosofia, bem como as perguntas que ambas as disciplinas enfrentam.

A astronomia tem sido considerada há muito tempo um ramo da filosofia natural, que estuda as leis que governam o Universo. Os primeiros astrônomos também eram filósofos, que procuravam compreender a ordem cósmica e o papel da humanidade nela. Por exemplo, os astrônomos da Grécia antiga desenvolveram modelos do mundo que influenciaram o pensamento filosófico ao longo dos séculos.

Atualmente, a astronomia é uma disciplina científica independente, que utiliza métodos empíricos e observações para compreender o Universo. No entanto, a astronomia continua a inspirar reflexões filosóficas sobre nosso lugar no Universo e o significado de nossa existência. As descobertas astronômicas frequentemente questionam crenças tradicionais sobre a natureza do Universo e da vida.

Uma importante questão filosófica levantada pela astronomia é a existência de vida no Universo. Os astrônomos estão ativamente procurando por sinais de vida em outros planetas, mas isso também levanta questões sobre o significado da vida e nosso lugar no Universo. Se a vida existe em outros lugares no Universo, isso significa que nossa existência é menos especial e menos significativa?

A astronomia também pode nos levar a refletir sobre temas mais metafísicos, como a existência de Deus e a natureza do Universo. Astrônomos descobriram evidências convincentes do Big Bang, que deu origem ao Universo como o conhecemos hoje. Essa descoberta levantou questões sobre a origem do Universo e a possibilidade de um criador ou uma força superior que tenha desencadeado o Big Bang.

Além disso, a astronomia pode nos levar a refletir sobre temas mais éticos. Por exemplo, a observação de estrelas e galáxias distantes pode nos lembrar da importância de proteger nosso ambiente e preservar a beleza natural de nosso planeta. Da mesma forma, a busca por sinais de vida extraterrestre levanta questões sobre como poderíamos nos comunicar com seres de uma cultura e inteligência diferentes da nossa.

Educação e divulgação em astronomia

A educação e a divulgação em astronomia são áreas essenciais para permitir que o grande público compreenda e aprecie as maravilhas do universo. É por isso que muitos astrônomos e cientistas trabalham para tornar a astronomia acessível a todos.

Para isso, diversas abordagens foram desenvolvidas. Uma delas é a organização de conferências, cursos e oficinas para escolas, faculdades e universidades, bem como para grupos comunitários e associações de astrônomos amadores. Esses eventos permitem que os participantes descubram as últimas descobertas em astronomia, façam perguntas aos especialistas e se envolvam em atividades práticas, como observação de estrelas e planetas.

Outra abordagem é a divulgação da astronomia por meio de mídias, como livros, revistas e websites especializados. Os programas de TV e rádio sobre astronomia também têm ganhado popularidade nos últimos anos, oferecendo ao público uma oportunidade única de aprender mais sobre o universo.

Também é importante utilizar técnicas eficazes de comunicação para transmitir informações sobre astronomia. Analogias e metáforas são ferramentas úteis para simplificar conceitos complexos. Por exemplo, para explicar a teoria da relatividade geral de Einstein, pode-se usar a analogia de uma folha de borracha esticada que se deforma sob o peso de um objeto, criando uma curvatura no espaço-tempo.

Por fim, o uso de softwares de computador, como planetários virtuais e simuladores de observação, também pode ajudar a tornar a astronomia mais acessível. Essas ferramentas permitem que as pessoas vejam fenômenos astronômicos difíceis de observar diretamente, como os movimentos dos planetas e estrelas no céu.

A educação e a divulgação em astronomia também têm impacto na cultura e na sociedade. A astronomia tem inspirado muitos artistas, escritores e poetas ao longo dos séculos. Por exemplo, as constelações têm sido usadas na mitologia e em histórias populares desde a Antiguidade. Hoje em dia, representações visuais do universo são usadas em filmes e obras de ficção para inspirar a imaginação do público.

Fundamentos da Observação Celeste para Amadores Astrônomos

Fundamentos da Observação a Olho Nu

A observação a olho nu é o método mais antigo e simples para descobrir as maravilhas do céu noturno. Não requer equipamentos caros, apenas um pouco de paciência e habilidade. Nesta seção, vamos explorar os fundamentos da observação a olho nu e como aproveitar ao máximo esse método de observação astronômica.

A primeira coisa a saber é que a observação a olho nu é melhor em locais escuros e afastados da poluição luminosa. Se você mora na cidade, pode ser difícil encontrar um local adequado. Parques, colinas e montanhas são bons lugares para observar o céu noturno. Você também pode entrar em contato com clubes de astronomia locais para conhecer os melhores locais de observação em sua região.

Uma vez no local, você pode começar a observar o céu. As constelações são a maneira mais simples de se orientar no céu noturno. Elas são grupos de estrelas que receberam nomes de formas ou personagens mitológicos. As constelações mais famosas incluem Orion, a Ursa Maior e Cassiopeia. As constelações são frequentemente representadas em mapas do céu, que são úteis para se orientar no céu.

Os planetas também são visíveis a olho nu. Os cinco planetas visíveis a olho nu são Mercúrio, Vênus, Marte, Júpiter e Saturno. Eles geralmente são os objetos mais brilhantes no céu noturno, exceto a Lua e o Sol. Os planetas são visíveis em diferentes épocas do ano, então é importante consultar um calendário astronômico para saber quando observá-los.

As estrelas também são um assunto fascinante para observação a olho nu. As estrelas são classificadas de acordo com sua magnitude, que é uma medida de sua luminosidade. As estrelas mais brilhantes têm magnitude negativa, enquanto as menos brilhantes têm magnitude positiva. As estrelas também podem ser agrupadas em constelações.

O céu noturno também oferece fenômenos espetaculares, como estrelas cadentes e auroras boreais. Estrelas cadentes, ou meteoros, são detritos espaciais que queimam ao entrar na atmosfera terrestre. Auroras boreais são luzes coloridas que ocorrem quando partículas solares interagem com a atmosfera terrestre.

Por fim, é importante cuidar dos olhos durante a observação a olho nu. Os olhos precisam de pelo menos 20 minutos para se adaptar à escuridão, então tenha paciência. Evite olhar diretamente para o Sol ou qualquer outro objeto luminoso, pois isso pode causar danos permanentes à visão.

Mapas do céu e constelações

Mapas do céu são ferramentas essenciais para qualquer astrônomo, amador ou profissional. Eles representam uma visão do céu estrelado, com todas as estrelas e constelações visíveis da Terra. Os mapas do céu podem ser usados para identificar estrelas e constelações, planejar observações e sessões de observação, e até mesmo para navegar pelo céu noturno.

As constelações são grupos de estrelas que estão conectadas umas às outras para formar desenhos no céu. Há 88 constelações oficiais reconhecidas pela União Astronômica Internacional, cada uma com seu próprio nome, história e mitologia. Algumas das constelações mais famosas incluem a Ursa Maior, Orion e Cassiopeia.

As constelações podem ajudar astrônomos amadores a navegar pelo céu. Por exemplo, a Ursa Maior é facilmente reconhecível graças à sua forma característica de uma concha, e pode ser usada para encontrar outras constelações como a Ursa Menor e a Estrela Polar. Orion também é uma constelação muito visível e fácil de encontrar, graças às três estrelas alinhadas que formam seu cinturão.

Os mapas do céu podem ser usados para localizar estrelas e constelações específicas. Eles geralmente são divididos em seções que representam diferentes momentos da noite e do ano, refletindo as mudanças na posição das estrelas ao longo do tempo. Mapas do céu modernos são frequentemente produzidos em formato digital, permitindo que os usuários ampliem, girem e personalizem sua visão do céu.

Para usar um mapa do céu, é importante entender conceitos básicos, como a latitude e a longitude celestes, coordenadas equatoriais, magnitude das estrelas e os diferentes tipos de telescópios e instrumentos de observação. Também é útil conhecer as efemérides de planetas, cometas e outros objetos celestes para poder localizá-los no céu.

Em última análise, os mapas do céu e as constelações podem ser ferramentas fascinantes para explorar o céu noturno e aprender mais sobre astronomia. Seja você um astrônomo amador ou profissional, o uso de mapas do céu e o conhecimento das constelações podem enriquecer sua experiência de observação e ajudá-lo a desvendar os mistérios do Universo.

Os movimentos aparentes dos astros

Os movimentos aparentes dos astros são um assunto fascinante na astronomia, pois nos permitem compreender como os corpos celestes se movem no céu e como suas posições mudam ao longo do tempo. Existem vários tipos de movimentos aparentes, como rotação, revolução e precessão.

A rotação é o movimento aparente de um corpo celeste ao redor de seu eixo. Por exemplo, a Terra gira em torno de si mesma em cerca de 24 horas, resultando na alternância de noite e dia. Da mesma forma, a Lua rotaciona em torno de si mesma em sincronia com sua revolução ao redor da Terra, de modo que sempre apresenta a mesma face para o nosso planeta.

A revolução é o movimento aparente de um corpo celeste ao redor de outro corpo celeste. Por exemplo, a Terra gira em torno do Sol em cerca de 365 dias, criando as estações do ano. Da mesma forma, a Lua gira em torno da Terra em cerca de 29 dias, criando as fases da Lua.

A precessão é o movimento aparente de um eixo de rotação que gira lentamente em um círculo ao redor de um ponto fixo. Por exemplo, o eixo de rotação da Terra completa uma precessão a cada cerca de 26.000 anos, o que altera a posição das estrelas no céu ao longo do tempo.

Esses movimentos aparentes podem ser observados e medidos usando instrumentos de observação, como telescópios, binóculos e câmeras. Eles também são importantes para entender fenômenos astronômicos, como eclipses, conjunções e oposições.

Binóculos e telescópios amadores

Binóculos e telescópios amadores são ferramentas essenciais para astrônomos amadores que desejam observar as maravilhas do céu noturno. Binóculos são instrumentos ópticos simples e portáteis que podem oferecer uma vista impressionante do céu, enquanto telescópios permitem uma observação mais precisa e detalhada de objetos celestes. Nesta seção, vamos explorar as diferentes características de binóculos e telescópios amadores, bem como vantagens e limitações de cada ferramenta.

Binóculos são instrumentos ópticos compostos por duas lentes que permitem ampliar a imagem. Eles podem ser usados para observar a Lua, planetas, constelações, estrelas e aglomerados estelares. Eles oferecem um campo de visão mais amplo do que telescópios, o que possibilita a observação de objetos mais extensos, como a Via Láctea. Binóculos também podem ser úteis para localizar objetos celestes antes de observá-los com telescópio. Binóculos são instrumentos portáteis e de baixo custo, tornando-os acessíveis a um público amplo.

Por outro lado, telescópios são instrumentos mais complexos que utilizam espelhos ou lentes para coletar e concentrar a luz. Eles podem ser usados para observar objetos celestes mais distantes e detalhados do que binóculos. São particularmente úteis para observar planetas, nebulosas, galáxias e estrelas duplas. Telescópios podem fornecer visões mais brilhantes e nítidas de objetos celestes, além de uma melhor resolução. Telescópios também são mais precisos do que binóculos, tornando-os mais adequados para a observação de fenômenos astronômicos, como eclipses e trânsitos planetários.

Existem vários tipos de telescópios, cada um com suas próprias vantagens e desvantagens. Telescópios refratores usam lentes para coletar luz, enquanto telescópios refletores usam espelhos. Telescópios catadióptricos combinam elementos refratores e refletores. Telescópios Dobson são telescópios refletores simples e de baixo custo que oferecem grande abertura e amplo campo de visão, enquanto telescópios com montagem equatorial permitem acompanhar com precisão objetos celestes em movimento.

É importante escolher o telescópio adequado para a observação desejada. Telescópios com maior abertura coletam mais luz e, portanto, permitem a observação mais detalhada de objetos celestes. No entanto, eles podem ser mais volumosos e difíceis de transportar. Telescópios menores podem ser mais portáteis, mas têm limitações em relação à observação de objetos celestes mais fracos e distantes.

Acessórios e softwares auxiliares de observação

Nesta seção, vamos explorar acessórios e softwares auxiliares à observação astronômica. Essas ferramentas podem melhorar significativamente a experiência de observação e ajudar astrônomos amadores a descobrir mais maravilhas do universo.

Telescópios e binóculos são as ferramentas mais comumente usadas para observação astronômica, mas existem muitos outros acessórios que podem melhorar o desempenho desses instrumentos. Oculares são um desses acessórios e podem ser usadas para ajustar a distância focal do instrumento, resultando em imagens mais nítidas e detalhadas. Existem vários tipos de oculares, cada uma com características diferentes em termos de distância focal, campo de visão e ampliação. Oculares de campo amplo são especialmente úteis para observar objetos extensos, como nebulosas e galáxias, enquanto oculares de alta potência são úteis para observar detalhes em objetos menores, como planetas e a Lua.

Filtros também são comumente usados para melhorar a visibilidade de certos objetos. Filtros podem ser usados para bloquear certos comprimentos de onda da luz, o que pode ajudar a melhorar o contraste e a visibilidade de certos objetos, como planetas, nebulosas e galáxias. Filtros de polarização também podem ser usados para reduzir o brilho da luz solar ao observar objetos próximos a ela.

Softwares auxiliares à observação também podem ser úteis para astrônomos amadores. Mapas do céu, por exemplo, podem ajudar a localizar constelações, estrelas e outros objetos celestes, mesmo em áreas urbanas com poluição luminosa. Programas de planejamento de observação podem ajudar a planejar sessões de observação com base nas condições meteorológicas, fases da Lua e outros fatores. Existem também aplicativos móveis que permitem a astrônomos amadores localizar objetos celestes em tempo real apenas apontando seus smartphones para o céu.

Softwares de processamento de imagem também são importantes para astrônomos amadores que desejam melhorar a qualidade de suas imagens. Esses programas permitem corrigir distorções e defeitos nas imagens, aumentar o contraste e a nitidez dos objetos e até mesmo combinar várias imagens para produzir imagens mais detalhadas. Softwares de processamento de imagem podem ser usados para aprimorar imagens capturadas com telescópios, câmeras CCD e até mesmo smartphones.

Por fim, é importante ressaltar que acessórios e softwares auxiliares à observação não substituem a experiência e o conhecimento do observador. A melhor maneira de descobrir as maravilhas do universo é praticar a observação regularmente, familiarizar-se com os objetos celestes e desenvolver habilidades de observação. Os acessórios e softwares devem ser usados apenas como ferramentas complementares para melhorar a experiência de observação.

A astrofotografia

Técnicas básicas de astrofotografia

A astrofotografia é uma disciplina da astronomia que consiste em capturar imagens do céu noturno e dos objetos celestes. Pode ser praticada tanto por astrônomos amadores quanto profissionais, permitindo capturar imagens detalhadas e fascinantes do nosso Universo. Nesta seção, vamos examinar as técnicas básicas de astrofotografia.

Primeiramente, é importante escolher o equipamento correto. Fotógrafos amadores podem usar uma câmera DSLR com uma lente de grande angular para capturar imagens do céu noturno. Astrônomos mais experientes podem utilizar telescópios equipados com câmeras CCD ou CMOS para capturar imagens detalhadas dos objetos celestes.

Uma vez escolhido o equipamento, é importante encontrar um local de observação adequado. Áreas rurais com pouca poluição luminosa são os melhores lugares para observar o céu noturno. Também é importante levar em consideração as condições climáticas e observar quando o céu está claro e desobstruído.

Para fotografar o céu noturno, é importante configurar corretamente a câmera. Recomenda-se usar uma baixa sensibilidade ISO para reduzir o ruído de fundo, uma grande abertura para permitir a entrada de mais luz e um tempo de exposição suficientemente longo para capturar os detalhes do céu noturno. Também é importante ajustar corretamente o foco, usando a função de foco manual para garantir que as estrelas estejam nítidas e claras.

Para capturar imagens detalhadas dos objetos celestes, recomenda-se o uso de técnicas avançadas de imagem, como a técnica de empilhamento de imagens. Essa técnica envolve tirar várias imagens do mesmo objeto celeste e combiná-las para criar uma imagem mais detalhada e nítida. Também é possível utilizar filtros para capturar imagens em determinados comprimentos de onda, como filtros H-alpha para capturar imagens de nebulosas.

Por fim, é importante processar as imagens capturadas para obter o melhor resultado possível. O processamento de imagens envolve o uso de software especializado para ajustar o brilho, o contraste, o equilíbrio de cores e outros parâmetros para criar uma imagem nítida e detalhada.

Equipamentos para astrofotografia

A astrofotografia é uma disciplina fascinante da astronomia que permite capturar as maravilhas do céu noturno e compartilhá-las com o mundo. Os equipamentos necessários para realizar imagens astrofotográficas variam dependendo dos objetos celestes que se deseja fotografar, mas aqui estão os elementos básicos necessários para começar:

Uma câmera digital: a câmera deve ser capaz de fazer exposições longas de vários segundos, ou até mesmo minutos, para capturar luz suficiente de objetos celestes fracos. As câmeras digitais modernas geralmente permitem ajustar a velocidade do obturador e o ISO, o que é essencial para a fotografia astronômica.

Um tripé: um tripé estável é necessário para evitar vibrações que podem resultar em imagens borradas. O tripé deve ser robusto e fácil de ajustar para acompanhar os movimentos dos astros.

Uma lente: a escolha da lente depende do objeto celeste que se deseja fotografar. Para objetos amplos como a Via Láctea, uma lente grande angular é recomendada, enquanto para objetos menores como planetas, uma lente de longa distância focal é preferível.

Filtros: filtros podem ser usados para melhorar a qualidade da imagem, reduzindo a poluição luminosa e bloqueando comprimentos de onda específicos da luz que podem interferir na imagem.

Um laptop: um laptop é útil para controlar a câmera remotamente e para capturar e processar as imagens.

Montagem equatorial motorizada: uma montagem equatorial motorizada é essencial para acompanhar os movimentos dos astros durante exposições longas. A montagem deve ser capaz de acompanhar os movimentos da Terra para evitar que as estrelas apareçam rastreadas nas imagens.

Software de astrofotografia: software especializado é necessário para controlar a câmera, capturar, processar e empilhar as imagens. Os softwares mais comumente usados para astrofotografia são PixInsight, DeepSkyStacker e Photoshop.

A astrofotografia pode ser um hobby dispendioso, mas é possível começar com equipamentos básicos e progredir ao longo do tempo. É importante dedicar tempo para entender os princípios básicos da astrofotografia e praticar regularmente para aprimorar as habilidades. Com paciência, prática e equipamentos de qualidade, é possível capturar as maravilhas do céu noturno e compartilhá-las com o mundo.

O processamento de imagens em astrofotografia

A fotografia é uma técnica essencial de observação em astronomia, que permite capturar e registrar imagens de objetos celestes, como estrelas, nebulosas, galáxias e planetas. As imagens podem ser obtidas usando diferentes instrumentos, desde câmeras simples até telescópios sofisticados equipados com câmeras de alta resolução.

O processamento de imagens em astrofotografia consiste em uma série de etapas para melhorar a qualidade e a clareza das imagens capturadas. Primeiramente, as imagens brutas precisam ser corrigidas para eliminar defeitos provenientes dos instrumentos de observação e do ambiente, como ruído de fundo, aberrações cromáticas e distorções ópticas.

Em seguida, as imagens corrigidas podem ser processadas para melhorar seu contraste, nitidez e resolução. Isso pode ser feito usando técnicas de processamento de imagem como empilhamento de imagens, convolução, filtragem e deconvolução.

O empilhamento de imagens consiste em combinar várias imagens de um mesmo objeto celeste para aumentar a resolução e a relação sinal/ruído. Essa técnica também permite compensar defeitos de rastreamento, alinhando as imagens para que se sobreponham perfeitamente umas às outras.

A convolução e a filtragem são técnicas utilizadas para melhorar a nitidez e a resolução das imagens. A convolução consiste em aplicar um kernel matemático à imagem para realçar bordas e detalhes, enquanto a filtragem ajuda a remover ruídos e artefatos da imagem.

Por fim, a deconvolução é uma técnica avançada que permite recuperar detalhes perdidos durante a captura, removendo os efeitos do borrão e da difração causados pelos instrumentos de observação.

Vale ressaltar que o processamento de imagens em astrofotografia é um campo complexo que requer conhecimento profundo de física e matemática, além do uso de software especializado como o Photoshop, PixInsight, IRIS e DeepSkyStacker.

Encontrar outros Astronogeek

Os clubes e as associações de astronomia amadora

Os clubes e as associações de astronomia amadora oferecem uma oportunidade única para os entusiastas da astronomia se reunirem, compartilharem seu interesse pela observação do céu e enriquecerem mutuamente seus conhecimentos sobre o assunto. Esses grupos são um excelente ponto de partida para iniciantes que desejam aprender mais sobre astronomia e para amadores experientes que desejam se envolver em projetos mais complexos.

Os clubes de astronomia amadora oferecem uma variedade de atividades que incluem noites de observação, palestras, oficinas práticas, saídas a campo e projetos de pesquisa. Os membros têm a oportunidade de conhecer outros entusiastas da astronomia, trocar ideias, compartilhar dicas e aproveitar o conhecimento e a experiência dos outros membros.

Esses clubes são frequentemente liderados por voluntários experientes que compartilham seu conhecimento e sua paixão pela astronomia com os membros do grupo. Eles também podem fornecer suporte e orientação prática na compra de equipamentos de observação, técnicas de astrofotografia e participação em projetos de pesquisa.

Além dos clubes locais, também existem associações nacionais e internacionais de astronomia amadora que reúnem membros de todo o mundo. Essas associações frequentemente organizam eventos especiais, projetos de pesquisa em grande escala e competições que permitem aos membros se conectarem com outros entusiastas da astronomia e participarem de projetos mais ambiciosos.

Os clubes e as associações de astronomia amadora também podem desempenhar um papel importante na educação e divulgação da astronomia para o público em geral. Eles frequentemente organizam eventos públicos, apresentações escolares e visitas guiadas a observatórios para conscientizar sobre a importância da astronomia e promover a ciência entre os jovens.

Em resumo, os clubes e as associações de astronomia amadora são uma maneira fantástica de conhecer outros entusiastas da astronomia, se conectar com especialistas, participar de projetos de pesquisa e conscientizar o público sobre a beleza e a importância da astronomia. Se você tem interesse em observar o céu e está procurando uma comunidade para compartilhar sua paixão, ingressar em um clube de astronomia amadora é uma excelente opção.

Eventos e encontros astronômicos

Eventos e encontros astronômicos oferecem uma oportunidade única para amantes da astronomia e profissionais se encontrarem e compartilharem conhecimentos. Esses eventos também são uma oportunidade para entusiastas da astronomia conhecerem as últimas descobertas e novas tecnologias na área.

A maior conferência astronômica do mundo é a conferência anual da American Astronomical Society (AAS), que reúne milhares de pesquisadores e profissionais de astronomia de todo o mundo para discutir as últimas pesquisas e descobertas. As conferências da AAS são uma ótima maneira para os profissionais fazerem networking e colaborarem em projetos futuros.

Amadores da astronomia também podem participar de eventos como visitas a observatórios, noites de observação em grupo, palestras públicas, exposições de instrumentos astronômicos e oficinas de astrofotografia. Esses eventos são frequentemente organizados por clubes e associações de astronomia locais, que buscam promover a astronomia para o público em geral e incentivar o interesse por essa disciplina.

Festivais de astronomia também são muito populares, como o famoso Festival Cité des Étoiles em Fleurance, na França, que oferece oficinas para crianças, palestras, exibições de instrumentos astronômicos e observações do céu noturno.

Além dos eventos presenciais, encontros astronômicos também podem acontecer online. Webinários e chats ao vivo permitem que entusiastas da astronomia de todo o mundo discutam e façam perguntas a profissionais da área. Fóruns online e grupos de discussão em redes sociais também oferecem uma plataforma para troca de informações e discussões sobre diversos temas astronômicos.

O envolvimento dos amadores na pesquisa astronômica

A astronomia é uma ciência que fascina muitos amadores em todo o mundo. Mas longe de serem apenas observadores, eles podem fazer uma contribuição significativa para a pesquisa astronômica. Na verdade, amadores podem ajudar astrônomos profissionais em várias áreas, usando seu próprio equipamento para fazer medições precisas ou participar de projetos de pesquisa.

O estudo de estrelas variáveis é uma das áreas em que amadores podem contribuir de maneira significativa para a pesquisa astronômica. Ao monitorar regularmente o brilho das estrelas, amadores podem ajudar a identificar novos tipos de estrelas variáveis ou a entender melhor a evolução das estrelas. Da mesma forma, a busca por novos cometas é uma atividade que pode ser realizada por amadores, usando telescópios de pequeno porte para explorar regiões do céu propícias à descoberta desses objetos.

Amadores também podem ajudar a confirmar ou refutar descobertas recentes de astrônomos profissionais, comparando suas observações com as dos profissionais e relatando qualquer diferença ou inconsistência. Eles também podem ajudar a melhorar a precisão das medições, usando seu próprio equipamento para realizar medições fotométricas ou espectroscópicas, por exemplo.

Além disso, existem projetos de pesquisa que envolvem diretamente a participação de amadores. O projeto Zooniverse é um exemplo de tal projeto. Ele permite que amadores classifiquem imagens de objetos astronômicos em grande escala, o que ajuda astrônomos profissionais a identificar novos tipos de objetos e descobrir novas estruturas no Universo. Amadores também podem participar de projetos de pesquisa de planetas extrasolares, ajudando cientistas a analisar dados obtidos por telescópios espaciais como Kepler ou TESS.

Por fim, amadores podem contribuir com a pesquisa usando técnicas de astrofotografia para produzir imagens de alta qualidade de objetos astronômicos. Essas imagens podem ser usadas por astrônomos profissionais para estudar a estrutura e a composição dos objetos, além de ajudar a entender melhor os processos físicos que ocorrem no Universo. Amadores também podem ajudar a detectar novos fenômenos, como novas ou supernovas, comparando suas imagens com as dos profissionais e relatando qualquer variação incomum.

Desafios e perspectivas futuras em astronomia

Grandes projetos astronômicos e missões espaciais

A astronomia é uma ciência em constante evolução, que revela cada vez mais a cada ano sobre o universo que nos rodeia. Projetos astronômicos e missões espaciais desempenham um papel crucial nessa evolução. Nesta seção, revisaremos alguns dos projetos mais ambiciosos em andamento no campo da astronomia e exploração espacial.

O primeiro projeto que discutiremos é o telescópio espacial James Webb, que está sendo construído há mais de 20 anos. Este telescópio será o sucessor do telescópio espacial Hubble e será lançado em 2021. Ele terá um espelho muito maior do que o do Hubble e será capaz de observar as primeiras galáxias que se formaram após o Big Bang. O telescópio James Webb também será capaz de detectar atmosferas de exoplanetas e analisar sua composição química, o que nos ajudará a compreender melhor como a vida pode surgir no universo.

Outro projeto em andamento é o Telescópio Gigante de Magalhães (GMT). Este telescópio está sendo construído no Chile e terá um espelho de 25 metros de diâmetro. O GMT será capaz de coletar 10 vezes mais luz do que qualquer outro telescópio atual, permitindo a observação de objetos muito fracos e distantes. Ele será usado para estudar fenômenos como buracos negros supermassivos e galáxias distantes.

A missão Euclid da Agência Espacial Europeia é outro projeto ambicioso em andamento. Euclid tem como objetivo estudar a energia escura e a matéria escura, duas componentes misteriosas do universo. Euclid mapeará o universo em 3D usando observações de mais de 1 bilhão de galáxias e quasares. Essa missão permitirá um melhor entendimento da evolução do universo e a busca por respostas para algumas das questões mais fundamentais da cosmologia.

A NASA também está desenvolvendo uma missão para enviar humanos a Marte até a década de 2030. Essa missão, chamada Artemis, também planeja retornar à Lua para estabelecer uma presença permanente. A NASA também está trabalhando em missões robóticas para explorar as luas de Júpiter e Saturno, que são consideradas candidatas a abrigar vida.

Por fim, a missão Breakthrough Starshot é um projeto ousado que visa enviar pequenas espaçonaves impulsionadas por lasers para a estrela mais próxima, a Alpha Centauri. Essas espaçonaves atingiriam uma velocidade de 20% da velocidade da luz e poderiam chegar ao destino em apenas 20 anos. Essa missão pode revolucionar nossa compreensão do universo e nos ajudar a responder a questões fundamentais sobre a vida e a existência humana.

Desafios ambientais e a proteção do céu noturno

A proteção do céu noturno é um assunto de extrema importância, que diz respeito não apenas à astronomia, mas também ao meio ambiente, cultura e estética. A poluição luminosa causada pelo excesso de iluminação artificial tem efeitos prejudiciais na saúde dos seres vivos, perturba seus ciclos de vida e prejudica a qualidade do céu noturno.

É importante considerar inicialmente os impactos ambientais da poluição luminosa. Animais e plantas são afetados pelas alterações na iluminação artificial, o que pode perturbar seus ciclos de vida e reprodução. Aves migratórias, por exemplo, podem ser desorientadas pelas luzes da cidade e perder seu senso de direção. Além disso, a poluição luminosa também pode ter efeitos nos ecossistemas e na biodiversidade em geral. Ao reduzir a poluição luminosa, podemos contribuir para preservar nosso ambiente e patrimônio natural.

Além disso, a poluição luminosa também afeta a saúde humana. Estudos têm mostrado que a exposição à luz artificial pode perturbar o sono e aumentar o risco de doenças como câncer, diabetes e obesidade. Trabalhadores noturnos, pessoas que vivem em áreas urbanas altamente iluminadas e crianças são particularmente vulneráveis a esses efeitos. Ao reduzir a poluição luminosa, podemos melhorar a qualidade de vida das populações.

Em termos de astronomia, a poluição luminosa dificulta a observação de objetos celestes, prejudicando a pesquisa científica. Os astrônomos são obrigados a se deslocar para áreas remotas para realizar suas observações, o que é frequentemente caro e difícil. Isso também pode afetar a qualidade das observações e a capacidade dos astrônomos de detectar objetos celestes fracos. Ao reduzir a poluição luminosa, podemos garantir que os astrônomos tenham acesso a observações de alta qualidade e continuem fazendo descobertas importantes.

Além desses aspectos práticos, a proteção do céu noturno também tem implicações culturais e estéticas. O céu estrelado é um patrimônio comum que devemos preservar para as gerações futuras. Estrelas e constelações têm inspirado arte, literatura e poesia ao longo de milhares de anos, refletindo a importância que os seres humanos atribuem à contemplação do céu noturno. Ao proteger o céu noturno, podemos preservar uma parte importante de nosso patrimônio cultural e estético, além de estimular a criatividade e imaginação das gerações futuras.

Cooperação internacional e iniciativas populares em astronomia

A cooperação internacional em astronomia é um aspecto crucial para avanços e descobertas nessa área. Astrônomos, instituições e governos trabalham juntos para alcançar objetivos comuns e desenvolver projetos ambiciosos. Essa cooperação possibilita uma utilização mais eficiente de recursos e habilidades, além de promover uma maior compreensão do Universo.

As iniciativas populares também se tornaram cada vez

mais importantes na promoção da astronomia. Grupos de observadores amadores e associações desempenham um papel fundamental na conscientização pública sobre astronomia e no incentivo dos jovens a explorar sua paixão pelas ciências espaciais. Essas iniciativas também contribuem para a descoberta de novos fenômenos astronômicos e para a melhoria dos dados coletados.

A colaboração internacional em astronomia é frequentemente observada em projetos de grande porte, como o Observatório Europeu do Sul (ESO) e o telescópio espacial Hubble, que contaram com a participação de vários países. Governos trabalham juntos para financiar esses projetos e para trocar habilidades e conhecimentos.

Essas colaborações têm possibilitado descobertas importantes, como a descoberta da energia escura e da matéria escura, assim como a confirmação da existência das ondas gravitacionais previstas pela teoria da relatividade geral de Einstein. Essas descobertas não teriam sido possíveis sem a cooperação internacional em astronomia.

As iniciativas populares em astronomia também estão aumentando, com muitos grupos amadores e associações oferecendo programas educacionais e de popularização da astronomia. Esses grupos incentivam os jovens a explorar sua paixão pelas ciências espaciais e a se envolver em atividades práticas de observação do céu. Eles também desempenham um papel importante na coleta de dados sobre eventos astronômicos raros.

As iniciativas populares também têm sido envolvidas na

descoberta de novos exoplanetas, com muitos grupos amadores de caçadores de planetas trabalhando em colaboração com astrônomos profissionais para observar e confirmar a descoberta desses mundos distantes. Essas colaborações demonstram a importância da contribuição dos cidadãos para a exploração e compreensão de nosso universo.

No final, a cooperação internacional e as iniciativas populares em astronomia são elementos-chave na promoção da exploração espacial e na compreensão do Universo. Elas permitem o uso eficiente de recursos, a troca de habilidades e conhecimentos, e a promoção da astronomia para o público. Essas colaborações são essenciais para alcançar os ambiciosos objetivos da astronomia moderna, incluindo a busca por vida extraterrestre e a compreensão da origem e evolução do Universo.

Agradecimento

Caro leitor,

Estou cheio de emoção e nostalgia por ter lhe apresentado este livro sobre astronomia. Agradeço do fundo do coração seu interesse e curiosidade por este assunto apaixonante que me motiva no dia a dia.

Gostaria também de agradecer a todas as pessoas que contribuíram para a realização deste livro, desde especialistas em ciências espaciais até o apoio inabalável daqueles ao meu redor. Sem a ajuda deles, este projeto nunca teria se concretizado.

Espero que esta leitura tenha permitido que você descubra ou redescubra as maravilhas do Universo que nos cerca. Tentei apresentar os conceitos mais complexos de maneira simples e compreensível, sempre cuidando da precisão das informações apresentadas.

Estou convencido de que a descoberta da astronomia pode mudar nossa perspectiva sobre o mundo que nos rodeia. Observando as estrelas e os planetas, podemos entender melhor nosso lugar no Universo e a importância de proteger nosso planeta.

Espero que este livro tenha despertado em você o desejo de aprender mais e continuar sua própria exploração da astronomia. Não hesite em se juntar a clubes de astronomia ou participar de eventos de observação para continuar aprendendo e descobrindo.

Por fim, espero que você tenha sentido minha paixão por esse assunto ao longo destas páginas. Para mim, a astronomia é muito mais do que uma ciência, é uma forma de viver e enxergar o mundo.

Mais uma vez, obrigado pela leitura e espero que este livro o acompanhe em sua própria exploração do Universo.

Atenciosamente,